数学検定

実用数学技能検定® 数検

要点整理

THE MATHEMATICS CERTIFICATION INSTITUTE OF JAPAN

[THE 3rd GRADE]

3級

3

公益財団法人 日本数学検定協会

まえがき

早速ですが，「SDGs」（エス・ディー・ジーズ）という言葉をご存じでしょうか。

正確には，「Sustainable Development Goals」（持続可能な開発目標）の略で，2015年9月に行われた国連サミットで採択された，2030年までに持続可能でよりよい世界を達成するために掲げた国際目標です。SDGsは，17の目標と169のターゲットで構成されており，目標4においては“質の高い教育をみんなに”として，「すべての人に包摂的かつ公正な質の高い教育を確保し，生涯学習の機会を促進する」ことが掲げられています。

数学を学ぶことのできる環境づくりは“質の高い教育をみんなに”という目標4に合致するものですが，数学を学ぶことで得られる力は，ほかの16の目標を達成するための方策を見いだすことに生きると考えています。たとえば目標14では，“海の豊かさを守ろう”として「持続可能な開発のために，海洋・海洋資源を保全し，持続可能な形で利用する」ことが掲げられています。海洋資源を保全するためには，まず現在の資源の状況を把握する必要があります。そして，危機に瀕することになった原因を分析し，さまざまな対応策の中から適切なものを選択・判断しながら，解決に導きます。このような一連の流れの中で「数学的活動」が存分に寄与しています。人々は，これまで歩んできた過程で派生したさまざまな課題を「数学の力」で解決してきたのです。

「実用数学技能検定」は，計算・作図・表現・測定・整理・統計・証明の7つの数学技能を測る検定として位置づけています。これらの技能は，さまざまな場面で実用的に使われることを想定しており，その中で実感の伴う理解を深めることで向上するものと考えられます。たとえば，整理技能は，「さまざまな情報の中から，有用なものや正しいものを適切に選択・判断し活用できる，高度な情報処理能力を意味する技能」です。先述の目標14においても，資源の状況把握，危機に関する情報処理，対応策の判断などについて，整理技能が有効に働くと考えています。

このように，実用数学技能検定の問題には，これからの社会で数学を活用するヒントがたくさん示されています。

数学を学ぶことによって，人々が関わるすべての環境との調和を保ち，SDGsの目標達成を一緒にめざしてみませんか？

公益財団法人 日本数学検定協会

目 次

本書の使い方

本書は「基礎から発展まで多くの問題を知りたい」「苦手な内容をしっかりと学習したい」という人に向けて学習内容ごとにまとめられています。それぞれ，基本事項のまとめと難易度別の問題があります。

1 基本事項のまとめを確認する

はじめに，基本事項についてのまとめがあります。
苦手な内容を学習したい場合は，このページからしっかり理解していきましょう。

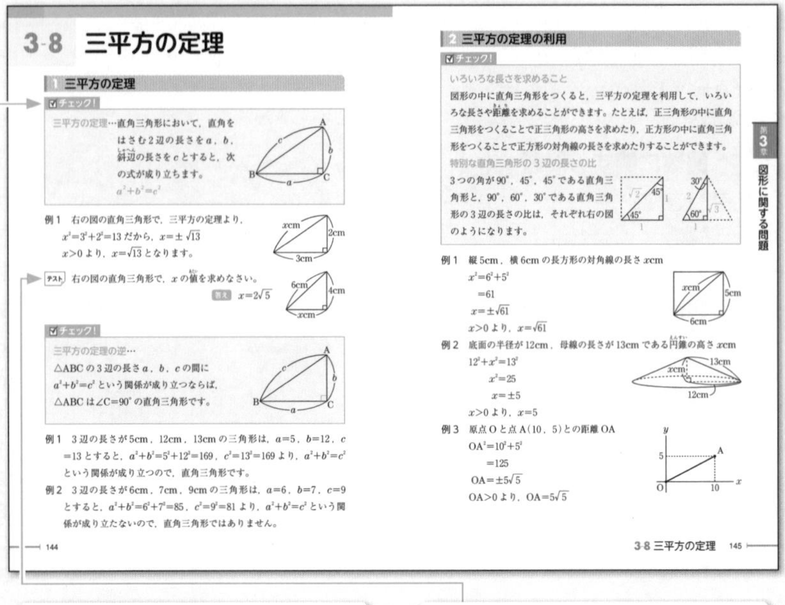

3-8 三平方の定理

1 三平方の定理

チェック！

三平方の定理…直角三角形において，直角をはさむ2辺の長さを a，b，斜辺（しゃへん）の長さを c とすると，次の式が成り立ちます。

$a^2+b^2=c^2$

例1　右の図の直角三角形で，三平方の定理より，
$x^2=3^2+2^2=13$ だから，$x=\pm\sqrt{13}$
$x>0$ より，$x=\sqrt{13}$ となります。

テスト　右の図の直角三角形で，x の値（あたい）を求めなさい。

答え　$x=2\sqrt{5}$

チェック！

三平方の定理の逆…
△ABC の3辺の長さ a，b，c の間に
$a^2+b^2=c^2$ という関係が成り立つならば，
△ABC は∠C=90° の直角三角形です。

例1　3辺の長さが5cm，12cm，13cm の三角形は，$a=5$，$b=12$，$c=13$ とすると，$a^2+b^2=5^2+12^2=169$，$c^2=13^2=169$ より，$a^2+b^2=c^2$ という関係が成り立つので，直角三角形です。

例2　3辺の長さが6cm，7cm，9cm の三角形は，$a=6$，$b=7$，$c=9$ とすると，$a^2+b^2=6^2+7^2=85$，$c^2=9^2=81$ より，$a^2+b^2=c^2$ という関係が成り立たないので，直角三角形ではありません。

144

2 三平方の定理の利用

チェック！

いろいろな長さを求めること

図形の中に直角三角形をつくると，三平方の定理を利用して，いろいろな長さや距離（きょり）を求めることができます。たとえば，正三角形の中に直角三角形をつくることで正三角形の高さを求めたり，正方形の中に直角三角形をつくることで正方形の対角線の長さを求めたりすることができます。

特別な直角三角形の3辺の長さの比

3つの角が90°，45°，45° である直角三角形と，90°，60°，30° である直角三角形の3辺の長さの比は，それぞれ右の図のようになります。

例1　縦5cm，横6cm の長方形の対角線の長さ $x$cm
$x^2=6^2+5^2$
$=61$
$x=\pm\sqrt{61}$
$x>0$ より，$x=\sqrt{61}$

例2　底面の半径が12cm，母線の長さが13cm である円錐（えんすい）の高さ $x$cm
$12^2+x^2=13^2$
$x^2=25$
$x=\pm5$
$x>0$ より，$x=5$

例3　原点Oと点A(10，5)との距離OA
$OA^2=10^2+5^2$
$=125$
$OA=\pm5\sqrt{5}$
$OA>0$ より，$OA=5\sqrt{5}$

第3章　図形に関する問題

3-8 三平方の定理　145

チェック！

基本事項のまとめの中でもとくに確認しておきたい要点です。

テスト

基本事項のまとめを確認するためのテストです。

2 難易度別の問題で理解を深める

難易度別の問題でステップアップしながら学習し，少しずつ着実に理解を深めていきましょう。

基本問題 ➡ 応用問題 ➡ 発展問題

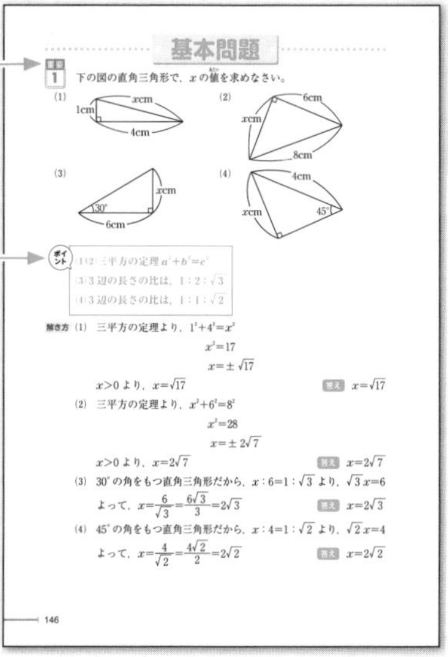

基本問題

重要 1 下の図の直角三角形で，x の値(あたい)を求めなさい。

(1) (2) (3) (4)

ポイント
(1)(2) 三平方の定理 $a^2+b^2=c^2$
(3) 3 辺の長さの比は，$1:2:\sqrt{3}$
(4) 3 辺の長さの比は，$1:1:\sqrt{2}$

解き方 (1) 三平方の定理より，$1^2+4^2=x^2$

$x^2=17$

$x=\pm\sqrt{17}$

$x>0$ より，$x=\sqrt{17}$ 答え $x=\sqrt{17}$

(2) 三平方の定理より，$x^2+6^2=8^2$

$x^2=28$

$x=\pm 2\sqrt{7}$

$x>0$ より，$x=2\sqrt{7}$ 答え $x=2\sqrt{7}$

(3) 30° の角をもつ直角三角形だから，$x:6=1:\sqrt{3}$ より，$\sqrt{3}x=6$

よって，$x=\frac{6}{\sqrt{3}}=\frac{6\sqrt{3}}{3}=2\sqrt{3}$ 答え $x=2\sqrt{3}$

(4) 45° の角をもつ直角三角形だから，$x:4=1:\sqrt{2}$ より，$\sqrt{2}x=4$

よって，$x=\frac{4}{\sqrt{2}}=\frac{4\sqrt{2}}{2}=2\sqrt{2}$ 答え $x=2\sqrt{2}$

146

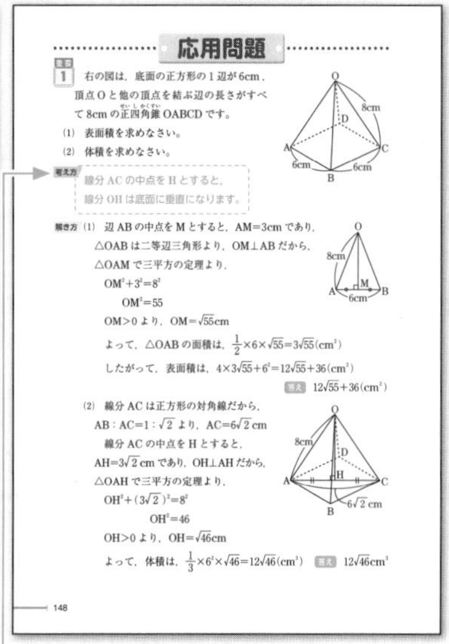

応用問題

重要 1 右の図は，底面の正方形の 1 辺が 6cm，頂点 O と他の頂点を結ぶ辺の長さがすべて 8cm の正四角錐(せいしかくすい) OABCD です。

(1) 表面積を求めなさい。

(2) 体積を求めなさい。

考え方
線分 AC の中点を H とすると，
線分 OH は底面に垂直になります。

解き方 (1) 辺 AB の中点を M とすると，AM=3cm であり，△OAB は二等辺三角形より，OM⊥AB だから，△OAM で三平方の定理より，

$OM^2+3^2=8^2$

$OM^2=55$

$OM>0$ より，$OM=\sqrt{55}$cm

よって，△OAB の面積は，$\frac{1}{2}\times6\times\sqrt{55}=3\sqrt{55}(cm^2)$

したがって，表面積は，$4\times3\sqrt{55}+6^2=12\sqrt{55}+36(cm^2)$

答え $12\sqrt{55}+36(cm^2)$

(2) 線分 AC は正方形の対角線だから，$AB:AC=1:\sqrt{2}$ より，$AC=6\sqrt{2}$cm

線分 AC の中点を H とすると，$AH=3\sqrt{2}$cm であり，OH⊥AH だから，△OAH で三平方の定理より，

$OH^2+(3\sqrt{2})^2=8^2$

$OH^2=46$

$OH>0$ より，$OH=\sqrt{46}$cm

よって，体積は，$\frac{1}{3}\times6^2\times\sqrt{46}=12\sqrt{46}(cm^3)$ 答え $12\sqrt{46}cm^3$

148

重要

とくに重要な問題です。検定直前に復習するときは，このマークのついた問題を優先的に確認し，確実に解けるようにしておきましょう。

ポイント **考え方**

解き方 にたどりつくまでのヒントです。わからないときは，これを参考にしましょう。

3 練習問題にチャレンジ！

練習問題 学習した内容がしっかりと身についているか，「練習問題」で確認しましょう。
練習問題の解き方と答えは別冊に掲載されています。

検定概要

「実用数学技能検定」とは

「実用数学技能検定」(後援＝文部科学省。対象：1 ～ 11 級)は，数学・算数の実用的な技能(計算・作図・表現・測定・整理・統計・証明)を測る「記述式」の検定で，公益財団法人日本数学検定協会が実施している全国レベルの実力・絶対評価システムです。

検定階級

1 級，準 1 級，2 級，準 2 級，3 級，4 級，5 級，6 級，7 級，8 級，9 級，10 級，11 級，かず・かたち検定のゴールドスター，シルバースターがあります。おもに，数学領域である 1 級から 5 級までを「数学検定」と呼び，算数領域である 6 級から 11 級，かず・かたち検定までを「算数検定」と呼びます。

1 次：計算技能検定／ 2 次：数理技能検定

数学検定(1 ～ 5 級)には，計算技能を測る「1 次：計算技能検定」と数理応用技能を測る「2 次：数理技能検定」があります。算数検定(6 ～ 11 級，かず・かたち検定)には，1 次・2 次の区分はありません。

「実用数学技能検定」の特長とメリット

①「記述式」の検定

解答を記述することで，答えに至る過程や結果について理解しているかどうかをみることができます。

②学年をまたぐ幅広い出題範囲

準 1 級から 10 級までの出題範囲は，目安となる学年とその下の学年の 2 学年分または 3 学年分にわたります。1 年前，2 年前に学習した内容の理解についても確認することができます。

③入試優遇や単位認定

実用数学技能検定の取得を，入試の際や単位認定に活用する学校が増えています。

入試優遇　単位認定

受検方法

受検方法によって，検定日や検定料，受検できる階級や申込方法などが異なります。くわしくは公式サイトでご確認ください。

個人受検

個人受検とは，協会が全国主要都市に設けた個人受検会場で受検する方法です。検定は年に 3 回実施します。

提携会場受検

提携会場受検とは，協会が提携した機関が設けた会場で受検する方法です。実施する検定回や階級は，会場ごとに異なります。

団体受検

団体受検とは，学校や学習塾などで受検する方法です。団体が選択した検定日に実施されます。
くわしくは学校や学習塾にお問い合わせください。

検定日当日の持ち物

階級 持ち物	1～5級		6～8級	9～11級	かず・かたち検定
	1次	2次			
受検証（写真貼付）※1	必須	必須	必須	必須	
鉛筆またはシャープペンシル（黒の HB・B・2B）	必須	必須	必須	必須	必須
消しゴム	必須	必須	必須	必須	必須
ものさし（定規）		必須	必須	必須	
コンパス		必須	必須		
分度器			必須		
電卓（算盤）※2		使用可			

※1　個人受検と提携会場受検のみ
※2　使用できる電卓の種類　〇一般的な電卓　〇関数電卓　〇グラフ電卓
通信機能や印刷機能をもつもの，携帯電話・スマートフォン・電子辞書・パソコンなどの電卓機能は使用できません。

階級の構成

	階級	構成	検定時間	出題数	合格基準	目安となる学年
数学検定	1級	1次：計算技能検定 2次：数理技能検定 があります。 はじめて受検するときは1次・2次両方を受検します。	1次：60分 2次：120分	1次：7問 2次：2題必須・5題より2題選択	1次：全問題の70％程度 2次：全問題の60％程度	大学程度・一般
	準1級					高校3年程度（数学Ⅲ程度）
	2級		1次：50分 2次：90分	1次：15問 2次：2題必須・5題より3題選択		高校2年程度（数学Ⅱ・数学B程度）
	準2級			1次：15問 2次：10問		高校1年程度（数学Ⅰ・数学A程度）
	3級		1次：50分 2次：60分	1次：30問 2次：20問		中学校3年程度
	4級					中学校2年程度
	5級					中学校1年程度
算数検定	6級	1次／2次の区分はありません。	50分	30問	全問題の70％程度	小学校6年程度
	7級					小学校5年程度
	8級					小学校4年程度
	9級		40分	20問		小学校3年程度
	10級					小学校2年程度
	11級					小学校1年程度
かず・かたち検定	ゴールドスター			15問	10問	幼児
	シルバースター					

3級の検定基準（抄）

検定の内容	技能の概要	目安となる学年
平方根，式の展開と因数分解，二次方程式，三平方の定理，円の性質，相似比，面積比，体積比，簡単な二次関数，簡単な統計 など	**社会で創造的に行動するために役立つ基礎的数学技能** ①簡単な構造物の設計や計算ができる。 ②斜めの長さを計算することができ，材料の無駄を出すことなく切断したり行動することができる。 ③製品や社会現象を簡単な統計図で表示することができる。	中学校3年程度
文字式を用いた簡単な式の四則混合計算，文字式の利用と等式の変形，連立方程式，平行線の性質，三角形の合同条件，四角形の性質，一次関数，確率の基礎，簡単な統計 など	**社会で主体的かつ合理的に行動するために役立つ基礎的数学技能** ①２つのものの関係を文字式で合理的に表示することができる。 ②簡単な情報を統計的な方法で表示することができる。	中学校2年程度
正の数・負の数を含む四則混合計算，文字を用いた式，一次式の加法・減法，一元一次方程式，基本的な作図，平行移動，対称移動，回転移動，空間における直線や平面の位置関係，扇形の弧の長さと面積，空間図形の構成，空間図形の投影・展開，柱体・錐体及び球の表面積と体積，直角座標，負の数を含む比例・反比例，度数分布とヒストグラム など	**社会で賢く生活するために役立つ基礎的数学技能** ①負の数がわかり，社会現象の実質的正負の変化をグラフに表すことができる。 ②基本的図形を正確に描くことができる。 ③２つのものの関係変化を直線で表示することができる。	中学校1年程度

3級の検定内容の構造

中学校３年程度	中学校２年程度	中学校１年程度	特有問題
30%	30%	30%	10%

※割合はおおよその目安です。
※検定内容の10%にあたる問題は，実用数学技能検定特有の問題です。

3級合格をめざすための チェックポイント

■乗法公式（p.50 ～）

$(x+a)(x+b)=x^2+(a+b)x+ab$

$(x+a)^2=x^2+2ax+a^2$

$(x-a)^2=x^2-2ax+a^2$

$(x+a)(x-a)=x^2-a^2$

■ 2 次方程式 $ax^2+bx+c=0$ の解の公式（p.63 ～）

$$x=\frac{-b\pm\sqrt{b^2-4ac}}{2a}$$

■ 1 次関数，2 乗に比例する関数（p.79 ～）

1 次関数	2 乗に比例する関数
式… $y=ax+b$ グラフ… $y=ax$ に平行で，y 軸上の点（0，b）を通る直線 ※比例は 1 次関数の特別な場合（$b=0$）	式… $y=ax^2$ グラフ…原点を通り，y 軸について対称な放物線
$a>0$ のとき 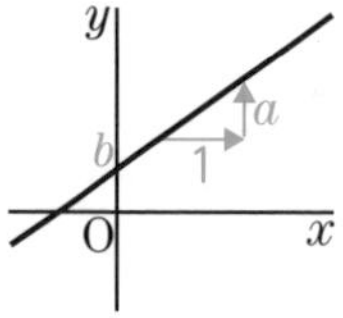 $a<0$ のとき 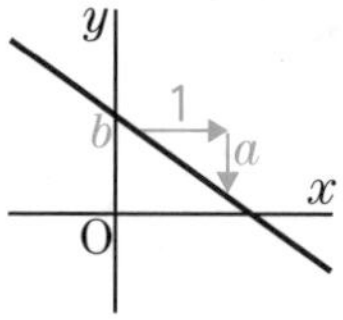	$a>0$ のとき 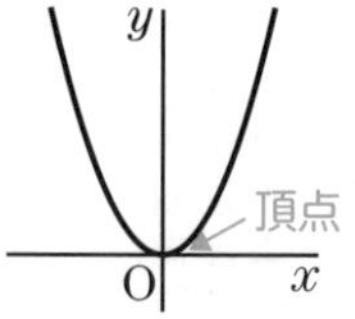 $a<0$ のとき 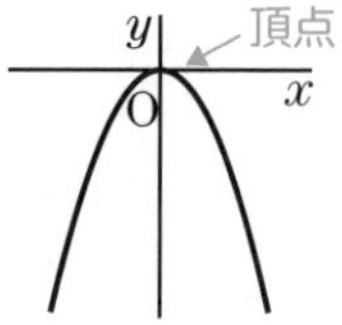
変化の割合…一定で，a に等しい	変化の割合…一定ではない

■おうぎ形（p.97 ～）

おうぎ形の弧（こ）の長さ　$\ell=2\pi r\times\frac{a}{360}$（$\ell$：弧の長さ，$r$：半径，$a$：中心角）

おうぎ形の面積　$S=\pi r^2\times\frac{a}{360}$（$S$：面積，$r$：半径，$a$：中心角）

■立体の体積（p.103 ～）

角柱・円柱の体積　$V=Sh$（V：体積，S：底面積，h：高さ）

角錐（かくすい）・円錐の体積　$V=\frac{1}{3}Sh$（V：体積，S：底面積，h：高さ）

球の体積　$V=\frac{4}{3}\pi r^3$（V：体積，r：半径）

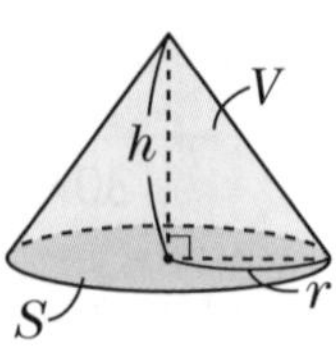

■三角形の合同条件(p.111 ～)

2つの三角形は，次の条件のうち，いずれかが成り立つとき，合同になる。

① 3組の辺がそれぞれ等しい。

② 2組の辺とその間の角がそれぞれ等しい。

③ 1組の辺とその両端(りょうたん)の角がそれぞれ等しい。

■直角三角形の合同条件(p.122 ～)

2つの直角三角形は，次の条件のうち，いずれかが成り立つとき，合同になる。

① 斜辺(しゃへん)と1つの鋭角(えいかく)がそれぞれ等しい。

② 斜辺と他の1辺がそれぞれ等しい。

■円周角の定理(p.138 ～)

1つの弧に対する円周角の大きさは一定で，その弧に対する中心角の半分になる。

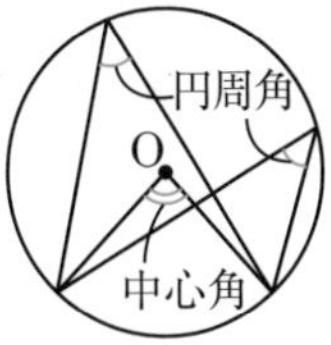

■三平方の定理(p.144 ～)

直角三角形において，直角をはさむ2辺の長さを a，b，斜辺の長さを c とすると，次の式が成り立つ。

$a^2+b^2=c^2$

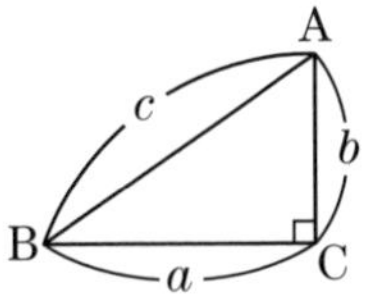

■データの分布と比較(p.154 ～)

累積度数(るいせきどすう)…最小の階級からある階級までの度数を加えたもの

相対度数…各階級の度数の，全体に対する割合

累積相対度数…最小の階級からある階級までの相対度数を加えたもの

平均値…個々のデータの値(あたい)の合計を，データの総数でわった値

中央値(メジアン)…データを大きさの順に並べたときの中央の値

最頻値(さいひんち)(モード)…データの中でもっとも多く出てくる値

四分位数…データを小さい順に並べたとき，全体を4等分する位置にある3つの値

四分位範囲(しぶんいはんい)…第3四分位数と第1四分位数の差

■確率(p.168 ～)

どの場合が起こることも同様に確からしいとき，確率について次のことが成り立つ。

$p=\dfrac{a}{n}$(p：ことがらAの起こる確率，a：ことがらAの起こる場合の数，n：全部の場合の数)

第1章 数と式に関する問題

1-1 正の数，負の数

1 正の数，負の数

☑チェック!

正の数…0より大きい数で，正の符号「＋」をつけることがあります。
負の数…0より小さい数で，負の符号「－」をつけます。

例1　0より$\frac{11}{3}$大きい数は，$+\frac{11}{3}$です。

例2　0より4.1小さい数は，-4.1です。

テスト　次の数の中から，負の数をすべて選びなさい。

-3　4.7　0　$-\frac{1}{7}$　$\frac{8}{3}$　-0.83　　答え　-3，$-\frac{1}{7}$，-0.83

☑チェック!

原点…数直線上で，0が対応している点
絶対値…数直線上で，ある数に対応する点と原点との距離

例1　$+5$の絶対値は5，-5の絶対値も5です。

例2　絶対値が1.8である数は，$+1.8$と-1.8です。

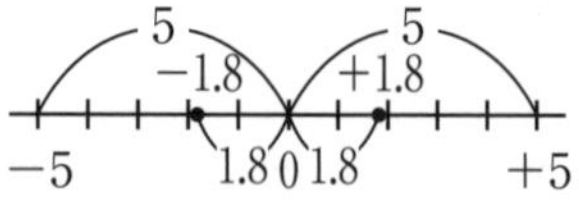

☑チェック!

正の数は，絶対値が大きいほど，大きくなります。
負の数は，絶対値が大きいほど，小さくなります。

例1　$+5$と$+1.8$では，絶対値が$1.8<5$なので，$+1.8<+5$です。

例2　-5と-1.8では，絶対値が$1.8<5$なので，$-5<-1.8$です。

テスト　次の数の中で，もっとも小さい数を選びなさい。

$+3$　$-\frac{9}{4}$　0　$+\frac{5}{6}$　-1.23　　答え　$-\frac{9}{4}$

2 正の数と負の数の計算

☑チェック!

加法と減法の混じった計算

・かっこをはずした式にします。

・正の項（こう），負の項をそれぞれまとめてから計算します。

例1　$(+8)+(-14)-(-1)-(+3)$

$=8-14+1-3$　（かっこをはずす）

$=8+1-14-3$　（正の項，負の項をそれぞれまとめる）

$=9-17$

$=-8$

☑チェック!

乗法や除法の計算

負の数が偶数個（ぐうすうこ）のとき，答えの符号は「＋」となります。

負の数が奇数個（きすうこ）のとき，答えの符号は「－」となります。

例1　$(\underline{-36})\div(\underline{-9})\times(\underline{-3})$

$=\underline{-}(36\div9\times3)$　（負の数が 3 個だから「－」）

$=-12$

テスト　$(+3)\times(-4)\div(-6)$を計算しなさい。　答え　2

☑チェック!

累乗（るいじょう）…同じ数をいくつかかけたもの

指数…累乗で，かけた数の個数を指数といい，数の右上に小さく書きます。

例1　$4\times4\times4$ を累乗の指数を使って表すと，4^3 となります。

例2　$(-3)^4=(-3)\times(-3)\times(-3)\times(-3)=81$

例3　$-3^4=-(3\times3\times3\times3)=-81$

☑ チェック!

四則の混じった計算

かっこ・累乗（るいじょう） → 乗法・除法 → 加法・減法 の順に計算します。

例 1　$4+30\div(-8+3)$

$=4+30\div(-5)$　　かっこの中を計算する

$=4-6$　　除法を計算する

$=-2$

例 2　$-2-3^2\times(1-5)$

$=-2-9\times(-4)$　　累乗，かっこの中を計算する

$=-2+36$　　乗法を計算する

$=34$

テスト　$5\times(4-2)-3^2$ を計算しなさい。　　**答え**　1

3 素因数分解

☑ チェック!

自然数…1以上の整数

素数…1とその数の他に約数がない自然数を素数といいます。ただし，1は素数としません。

素因数分解…自然数を素数だけの積で表すこと

例 1　素数は，2，3，5，7，11，13，…といくらでもあります。

例 2　70の素因数分解は，素数でわることで考えることができます。

$70\div2=35$

$35\div5=7$

より，$70=2\times5\times7$ となります。

2)70
5)35
　 7

商が素数になるまで素数でわっていく

テスト　462を素因数分解しなさい。　　**答え**　$2\times3\times7\times11$

基本問題

重要

1 次の計算をしなさい。

(1) $-6+(+3)$　　(2) $6+(-10)$

(3) $-4-(+1)$　　(4) $-5-(-16)$

ポイント
かっこの前が+のときは，符号(ふごう)はそのままにします。
かっこの前が−のときは，符号を変えます。

解き方
(1) $-6+(\boxed{+3})$
$=-6\boxed{+3}$　←符号はそのまま
$=-3$
答え -3

(2) $6+(\boxed{-10})$
$=6\boxed{-10}$　←符号はそのまま
$=-4$
答え -4

(3) $-4-(\boxed{+1})$
$=-4\boxed{-1}$　←符号を変える
$=-5$
答え -5

(4) $-5-(\boxed{-16})$
$=-5\boxed{+16}$　←符号を変える
$=11$
答え 11

2 次の計算をしなさい。

(1) $5\times(-8)$　　(2) $-72\div(-8)$

(3) $-4^2\times(-3)$　　(4) $(-16)^2\div(-4^3)$

ポイント
負の数が偶数個(ぐうすうこ)のとき，積，商の符号は「＋」となります。
負の数が奇数個(きすうこ)のとき，積，商の符号は「−」となります。

解き方
(1) $5\times(-8)$
$=-(5\times8)$　←負の数が1個だから「−」
$=-40$
答え -40

(2) $-72\div(-8)$
$=72\div8$　←負の数が2個だから「+」
$=9$
答え 9

(3) $-4^2\times(-3)$
$=-16\times(-3)$　←累乗を計算
$=48$
答え 48

(4) $(-16)^2\div(-4^3)$
$=256\div(-64)$　←累乗を計算
$=-4$
答え -4

重要
3 次の計算をしなさい。

(1) $2\times(2-4)$　　(2) $-4+(-6)\div(-3)$

(3) $\frac{1}{8}-\frac{3}{4}\times\left(-\frac{2}{9}\right)$　　(4) $-3-(-0.3+0.5)$

(5) $-3^2+(-4)^2\div2$　　(6) $-5^2-2\times(-3)^3$

解き方 (1) $2\times(2-4)$ ┐かっこの中を計算

$=2\times(-2)$

$=-4$

答え -4

(2) $-4+(-6)\div(-3)$ ┐除法を計算

$=-4+2$

$=-2$

答え -2

(3) $\frac{1}{8}-\frac{3}{4}\times\left(-\frac{2}{9}\right)$ ┐乗法を計算

$=\frac{1}{8}+\frac{1}{6}$

$=\frac{7}{24}$

答え $\frac{7}{24}$

(4) $-3-(-0.3+0.5)$ ┐かっこの中を計算

$=-3-0.2$

$=-3.2$

答え -3.2

(5) $-3^2+(-4)^2\div2$ ┐累乗を計算

$=-9+16\div2$ ┐除法を計算

$=-9+8$

$=-1$

答え -1

(6) $-5^2-2\times(-3)^3$ ┐累乗を計算

$=-25-2\times(-27)$ ┐乗法を計算

$=-25+54$

$=29$

答え 29

4 次の数を素因数分解して，累乗(るいじょう)の指数を使って表しなさい。

(1) 294　　(2) 945

ポイント　**同じ数を 2 個以上かけるときは，累乗の指数を用いて表します。**

解き方 (1)

```
2)2 9 4
3)1 4 7
7)  4 9
      7
```

答え $2\times3\times7^2$

(2)

```
3)9 4 5
3)3 1 5
3)1 0 5
5)  3 5
      7
```

答え $3^3\times5\times7$

応用問題

1 整数である-2と3を1つずつ用いてできる加法，減法，乗法，除法の中で，計算結果が整数の集合に含(ふく)まれない式をすべて書きなさい。

解き方 すべての式を計算してみると，

$-2+3=1$，$3+(-2)=1$，$-2-3=-5$，$3-(-2)=5$，

$-2\times3=-6$，$3\times(-2)=-6$，$-2\div3=-\dfrac{2}{3}$，$3\div(-2)=-\dfrac{3}{2}$

となり，$-2\div3$，$3\div(-2)$の計算結果は整数にならない。

整数どうしの加法，減法，乗法は計算結果がつねに整数になるが，除法は計算結果が整数にならないことがある。

答え $-2\div3$，$3\div(-2)$

重要

2 下の表は，ある週の月曜日から金曜日までの，図書室の利用生徒数をまとめたものです。20人を基準にして，それより多いときはその差を正の数で，少ないときはその差を負の数で表しています。

	月	火	水	木	金
基準との差(人)	$+2$	0	-5	$+4$	-4

(1) 利用生徒数について，もっとも多い曜日ともっとも少ない曜日の差を求め，絶対値で表しなさい。

(2) 5日間の利用生徒数の平均は何人ですか。

考え方
(2)(利用生徒数の平均)＝(基準の人数)＋(基準との差の平均)

解き方 (1) 利用生徒数がもっとも多かったのは木曜日で，もっとも少なかったのは水曜日だから，その差は，

$(+4)-(-5)=4+5=9$(人) **答え** 9人

(2) 基準との差の平均は，

$\{(+2)+0+(-5)+(+4)+(-4)\}\div5=-0.6$(人)

よって，

$20+(-0.6)=19.4$(人) **答え** 19.4人

発展問題

1 トランプの[2]から[9]までのカードが，黒2枚，赤2枚ずつの計32枚あります。これらのカードから何枚か引き，黒のカードを引いたときは書かれている数を正の数，赤のカードを引いたときは負の数として，それらの和を点数とするゲームを考えます。たとえば，黒の[5]，赤の[4]，赤の[8]のカードを引いたとき，点数は，

$(+5)+(-4)+(-8)=-7$(点)

となります。

(1) カードを6枚引いたとき，その中に黒のカードが3枚，赤のカードが3枚ありました。このとき，もっとも低い点数を求めなさい。

(2) カードを8枚引いたとき，[2]から[9]までのカードが1枚ずつあったとします。このとき，点数が0点となることはありますか。あるならば，そのような色の組み合わせを1つ答えなさい。無いならば，その理由を説明しなさい。

解き方 (1) 黒の[2]，[2]，[3]のカード，赤の[9]，[9]，[8]のカードを引くとき，点数はもっとも低くなるから，

$(+2)\times2+(+3)+(-9)\times2+(-8)$

$=4+3-18-8$

$=-19$(点)

答え -19点

(2) カードに書かれた数の和は，

$2+3+4+5+6+7+8+9=44$

よって，黒のカードに書かれた数の和が22，赤のカードに書かれた数の和が22になるとき，点数が0となる。

たとえば，黒の[5]，[8]，[9]のカード，赤の[2]，[3]，[4]，[6]，[7]のカードを引いたとき，点数は0点となる。

答え (例)黒…[5]，[8]，[9]　赤…[2]，[3]，[4]，[6]，[7]

練習問題

答え：別冊 p.3 ～ p.4

重要 **1** 次の計算をしなさい。

(1) $-13+(-10)-(-3)$　　(2) $4-15\div(-3)$

(3) $-(-2)^3\times3-4^2$　　(4) $1.25\times\left(-\frac{8}{5}\right)-\left(\frac{1}{2}\right)^2$

重要 **2** 右の図のようなます目に1つずつ数を入れて，縦，横，斜(なな)めのどの4つの数をたしても，和が等しくなるようにします。㋐，㋑，㋒にあてはまる数を求めなさい。

㋐		6	−4
4		1	3
㋑	2	5	㋒
7	−3		

3 下の式で，㋐には＋か－の記号，㋑，㋒には＋，－，×，÷のいずれかの記号が入ります。計算結果がもっとも大きくなるようにするとき，㋐，㋑，㋒にあてはまる記号をそれぞれ書きなさい。

(㋐0.3)㋑$\left(+\frac{9}{2}\right)$㋒$\left(-\frac{13}{9}\right)$

1-2 文字と式

1 文字を使った式

チェック!

文字式の表し方

乗法では，記号×を省き，$1\times a$ は a，$(-1)\times a$ は $-a$ と書きます。

文字と数の積では，数を文字の前に書きます。

同じ文字の積は，累乗(るいじょう)の指数を使って書きます。

除法では，記号÷を使わずに，分数の形で書きます。

例 1　1000 円を出して，1 本 x 円の蛍光(けいこう)ペンを 3 本買ったときのおつり

(おつり)＝(出した金額)－(蛍光ペン 1 本の値段)×(買った本数)
　　　　　1000 円　　　　　x 円　　　　　　3 本

より，おつりは，$1000-x\times3=1000-3x$(円)と表されます。

テスト　1 本 130 円のジュースを a 本と，1 個 80 円のお菓子(かし)を 3 個買ったときの代金を，文字式で表しなさい。　答え　$130a+240$(円)

2 式の値

チェック!

代入…式の中の文字に数をあてはめること

式の値(あたい)…式の中の文字に数を代入して計算した結果

例 1　$a=-4$ のとき，$-3-2a$ の値

$-3-2\times(-4)$

$=-3+8$　└負の数を代入するときは，かっこをつける

$=5$

テスト　$x=-\dfrac{1}{2}$のとき，$-4x+5$ の値を求めなさい。　答え　7

3 文字式の計算

チェック！

式を簡単にする…文字式では，文字の部分が同じ項(こう)どうし，数の項どうしを，それぞれまとめることができます。

例1　$5x+2-(3x+7)$
$=5x+2-3x-7$ ← かっこをはずす
$=2x-5$ ← 項をまとめる

例2　$6x\times(-2)$
$=6\times(-2)\times x$ ← かける順序を変える
$=-12x$ ← 係数を求める

例3　$2(3x-4)$
$=2\times3x+2\times(-4)$ ← 分配法則 $m(a+b)=ma+mb$ を使ってかっこをはずす
$=6x-8$ ← 係数を求める

テスト 次の計算をしなさい。

(1)　$2(3x-5)+12$　　(2)　$\dfrac{x}{6}+\dfrac{x-1}{2}$

答え　(1)　$6x+2$　　(2)　$\dfrac{4x-3}{6}$

4 関係を表す式

チェック！

等式…等号を使って，2つの数量が等しい関係を表した式
不等式…不等号を使って，2つの数量の大小関係を表した式

例1　1本60円の鉛筆(えんぴつ)を x 本買ったときの代金が500円より高いことを不等式で表すと，$60x>500$ となります。

テスト 1個180円のケーキを a 個買ったときの代金が900円であることを，等式で表しなさい。

答え　$180a=900$

基本問題

重要 **1** 次の数量を，文字式で表しなさい。

(1) 秒速 7m で x 秒走ったときに進む道のり

(2) 20cm の針金を切って，1 辺が $a$cm の正方形を作ったときの残りの長さ

考え方
(1)道のり＝速さ×時間
(2)(残りの針金の長さ)＝(全体の長さ)－(正方形のまわりの長さ)

解き方 (1) $7\times x=7x$(m) 答え $7x$(m)

(2) 1 辺が $a$cm の正方形のまわりの長さは，$a\times 4=4a$(cm)だから，残りの長さは，

$20-4a$(cm) 答え $20-4a$(cm)

重要 **2** $a=-3$ のとき，次の式の値(あたい)を求めなさい。

(1) $5-a$　(2) $-2a+1$　(3) $\dfrac{6}{a}$　(4) $4-5a^2$

ポイント 負の数を代入するときは，かっこをつけます。

解き方 (1) $5-a=5-(-3)$
$=5+3$
$=8$ 答え 8

(2) $-2a+1=-2\times(-3)+1$
$=6+1$
$=7$ 答え 7

(3) $\dfrac{6}{a}=\dfrac{6}{-3}$
$=-\dfrac{\overset{2}{\cancel{6}}}{\underset{1}{\cancel{3}}}$
$=-2$ 答え -2

(4) $4-5a^2=4-5\times(-3)^2$
$=4-5\times 9$
$=4-45$
$=-41$ 答え -41

応用問題

重要

1 次の計算をしなさい。

(1) $4x+3-(2x-5)$　　(2) $2(2x+1)-3(x-4)$

ポイント
・かっこの前の数や符号(ふごう)にしたがって，かっこをはずします。
・文字の部分が同じ項(こう)どうし，数の項どうしをまとめます。

解き方 (1) $4x+3-(2x-5)$
$=4x+3-2x+5$　（かっこをはずす）
$=2x+8$　（項をまとめる）

答え $2x+8$

(2) $2(2x+1)-3(x-4)$
$=4x+2-3x+12$　（分配法則を使ってかっこをはずす）
$=x+14$　（項をまとめる）

答え $x+14$

2 あつしさんは，1500 円を出して，1 本 a 円のコンパスを 1 本買いました。さとしさんは，1000 円を出して，1 個 b 円の消しゴムを 3 個まとめ買いしたところ，20 円引きになりました。買い物のあと，あつしさんの残金は，さとしさんの残金以下になりました。このときの数量の関係を，不等式で表しなさい。

考え方
(あつしさんの残金)≦(さとしさんの残金)

解き方 あつしさんの残金は，
$1500-a$(円)
さとしさんの残金は，
$1000-(3b-20)$(円)
あつしさんの残金がさとしさんの残金以下なので，
$1500-a \leqq 1000-(3b-20)$

答え $1500-a \leqq 1000-(3b-20)$

発展問題

1 右の図のように，正方形を規則的に並べていきます。

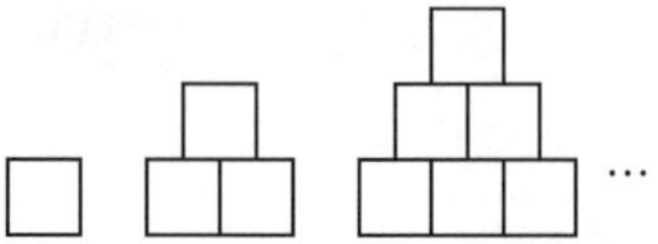

1番め　2番め　3番め　…

(1) 5番めの図形の正方形の個数は何個ですか。

(2) n 番めの図形の正方形の個数は何個ですか。n を用いて表しなさい。

(3) 100番めの図形の正方形の個数は何個ですか。

考え方 正方形の個数の増え方に注目して，規則を見つけます。

解き方 (1) 正方形の個数は，1番めが1個，2番めが $1+2=3$(個)，3番めが $1+2+3=6$(個)，…となっているので，5番めの図形の正方形の個数は，$1+2+3+4+5=15$(個)となる。

答え 15個

(2) (1)より，n 番めの図形の正方形の個数は，

$1+2+3+\cdots+(n-2)+(n-1)+n$(個)

となる。

これについて，下のように考えると，

$$\begin{array}{rccccccc} & 1+ & 2 & +\ 3 & +\cdots+ & (n-2)+ & (n-1)+ & n \\ +) & n+ & (n-1)+ & (n-2)+ & \cdots+ & 3\ + & 2\ + & 1 \\ \hline & (n+1)+ & (n+1)+ & (n+1)+ & \cdots+ & (n+1)+ & (n+1)+ & (n+1) \end{array}$$

$$\underbrace{\qquad\qquad\qquad\qquad\qquad\qquad}_{n(\text{個})}$$

$1+2+3+\cdots+(n-2)+(n-1)+n$ の2倍が $n\times(n+1)$ となるので，n 番めの図形の正方形の個数は，

$n\times(n+1)\div2=\dfrac{n(n+1)}{2}$(個)

答え $\dfrac{n(n+1)}{2}$(個)

(3) $\dfrac{n(n+1)}{2}$ に $n=100$ を代入して，$\dfrac{100(100+1)}{2}=5050$(個)

答え 5050個

練習問題

答え：別冊 p.4 ～ p.5

重要 1 次の数量を，文字式で表しなさい。

(1) x 円の品物を1割引きで買ったときの代金

(2) 底面が1辺 $a$cm の正方形で，高さが $b$cm の直方体の体積

2 1辺が $a$cm の立方体があります。このとき，次の式はどのような数量を表していますか。

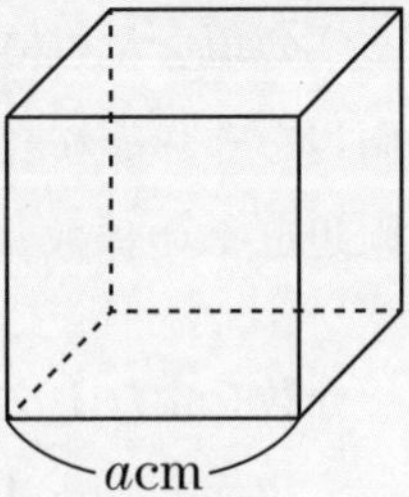

(1) $6a^2$　　(2) a^3

重要 3 $x=3$，$y=-2$ のとき，次の式の値（あたい）を求めなさい。

(1) $-4x+5$　　(2) $-\dfrac{10}{y}$　　(3) $\dfrac{3x+y^3}{4}$

4 下の㋐～㋓の中から，a と b に0以外のどのような数を代入しても，式の値がいつも負の数になるものをすべて選びなさい。

㋐ $-a-b$　　㋑ $-a^2-b^2$

㋒ $(-a)^2-(-b^2)$　　㋓ $-a^2+(-b^2)$

重要 5 次の計算をしなさい。

(1) $5x-1-3(3x+1)$　　(2) $2(x-2)-3(x-5)$

(3) $\dfrac{3x+1}{4}+\dfrac{x-1}{6}$　　(4) $0.5x+\dfrac{2x-1}{3}-x$

1-3 1次方程式

1 1次方程式の解き方

☑チェック！

1次方程式の解き方

・分数，小数を含(ふく)むときは，整数になるようにします。

・かっこがあるときは，かっこをはずします。

・文字の項(こう)を左辺に，数の項を右辺に移項します。

・両辺をそれぞれ計算して，$ax=b$ の形にします。

・両辺を x の係数 a でわって，x の値(あたい)を求めます。

例 1　分数を含む1次方程式

$$\frac{x+4}{3}=1+\frac{1}{2}x$$

分数の分母の3と2の最小公倍数6を両辺にかけて分母をはらう

$$\frac{x+4}{3}\times 6=\left(1+\frac{1}{2}x\right)\times 6$$

$$2(x+4)=6+3x$$

分配法則 $m(a+b)=ma+mb$ を使ってかっこをはずす

$$2x+8=6+3x$$

文字の項を左辺に，数の項を右辺に移項する

$$2x-3x=6-8$$

両辺の項をまとめて，$ax=b$ の形にする

$$-x=-2$$

両辺を x の係数 -1 でわって，x の値を求める

$$x=2$$

2 比例式

☑チェック！

比例式の性質… $a:b=m:n$ ならば，$an=bm$

例 1　$x:12=15:4$ の x にあてはまる数を求めます。

$$x:12=15:4$$

比例式の性質より，

$$x\times 4=12\times 15$$

$$4x=180$$

$$x=45$$

3 1次方程式の利用

チェック！

方程式を使って問題を解く手順

・等式で表すことができる数量の関係を見つけます。

・適当な数量を x とおきます。

・x を用いて方程式をつくり，方程式を解きます。

例1　速さ，時間，道のりの問題

2地点A，Bの間を，行きは分速60mで歩き，帰りは分速160mで走ったところ，往復で22分かかりました。A，B間の道のりと，行きにかかった時間を求めるとき，上記の手順にしたがって，大きく2通りの方法が考えられます。

・等しい関係を見つける。

（行きの時間）＋（帰りの時間）

＝（往復の時間）

・どの数量を x にするか決める。

A，B間の道のりを xm とする。

・方程式をつくり，解く。

時間＝道のり÷速さ　なので，

$\frac{x}{60}+\frac{x}{160}=22$

$x=960$

$960\div60=16$

よって，

A，B間の道のりは960m

行きにかかった時間は16分

・等しい関係を見つける。

（行きの道のり）

＝（帰りの道のり）

・どの数量を x にするか決める。

行きにかかった時間を x 分とする。

・方程式をつくり，解く。

道のり＝速さ×時間　なので，

$60x=160(22-x)$

$x=16$

$60\times16=960$

よって，

A，B間の道のりは960m

行きにかかった時間は16分

基本問題

重要 1 次の方程式を解きなさい。

(1) $4x+1=-2x+3$

(2) $x+8=4x+2$

(3) $3(x-2)=x+2$

(4) $-3(5x+1)=2(x+2)$

(5) $\dfrac{x-3}{5}+\dfrac{2x+1}{3}=x$

(6) $0.25(x+2)=0.37(x-1)$

解き方

(1)
$$4x+1=-2x+3$$
$$4x+2x=3-1$$
$$6x=2$$
$$x=\frac{1}{3}$$

答え $x=\dfrac{1}{3}$

(2)
$$x+8=4x+2$$
$$x-4x=2-8$$
$$-3x=-6$$
$$x=2$$

答え $x=2$

(3)
$$3(x-2)=x+2$$
$$3x-6=x+2$$
$$3x-x=2+6$$
$$2x=8$$
$$x=4$$

答え $x=4$

(4)
$$-3(5x+1)=2(x+2)$$
$$-15x-3=2x+4$$
$$-15x-2x=4+3$$
$$-17x=7$$
$$x=-\frac{7}{17}$$

答え $x=-\dfrac{7}{17}$

(5)
$$\frac{x-3}{5}+\frac{2x+1}{3}=x$$
$$\left(\frac{x-3}{5}+\frac{2x+1}{3}\right)\times 15$$
$$=x\times 15$$
$$3(x-3)+5(2x+1)=15x$$
$$3x-9+10x+5=15x$$
$$13x-15x=4$$
$$-2x=4$$
$$x=-2$$

答え $x=-2$

(6)
$$0.25(x+2)=0.37(x-1)$$
$$0.25(x+2)\times 100$$
$$=0.37(x-1)\times 100$$
$$25(x+2)=37(x-1)$$
$$25x+50=37x-37$$
$$25x-37x=-37-50$$
$$-12x=-87$$
$$x=\frac{29}{4}$$

答え $x=\dfrac{29}{4}$

応用問題

1 次の比例式を解きなさい。

(1) $x:8=3:4$　　(2) $5:2=x:3$

ポイント $a:b=m:n$ ならば，$an=bm$

解き方 (1) $x:8=3:4$

$x\times4=8\times3$

外側の項(こう)の積　内側の項の積

$4x=24$

$x=6$

答え $x=6$

(2) $5:2=x:3$

$5\times3=2\times x$

$15=2x$

$-2x=-15$

$x=\frac{15}{2}$

答え $x=\frac{15}{2}$

重要

2 ひでおさんは，1500円を出して1本320円のマーカーペン2本と画用紙5枚を買ったところ，おつりは310円でした。

(1) 画用紙1枚の値段を x 円として，方程式をつくりなさい。

(2) 画用紙1枚の値段は何円ですか。

考え方 (出した金額)－(代金)＝(おつり)

解き方 (1) マーカーペン2本の値段は $320\times2=640$(円)，画用紙5枚の値段は $x\times5=5x$(円)だから，

$1500-(640+5x)=310$

答え $1500-(640+5x)=310$

(2) (1)でつくった方程式を解く。

$1500-(640+5x)=310$

$1500-640-5x=310$

$-5x=-550$

$x=110$

よって，画用紙1枚の値段は，110円

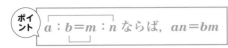

答え 110円

3　ももえさんのコップには30mL，あおいさんのコップには210mLのジュースが入っています。2人のコップにxmLずつジュースを追加したところ，ももえさんのコップに入っているジュースの量は，あおいさんのコップに入っているジュースの量の$\frac{2}{3}$倍になりました。

(1)　xを求めるための方程式をつくりなさい。

(2)　xの値(あたい)を求めなさい。

解き方 (1)　xmLずつ追加したあとの2人のジュースの量は，

ももえさん…$(30+x)$mL，あおいさん…$(210+x)$mL

ももえさんのジュースはあおいさんのジュースの$\frac{2}{3}$倍になったので，$30+x=\frac{2}{3}(210+x)$　**答え**　$30+x=\frac{2}{3}(210+x)$

(2)　(1)より，$30+x=\frac{2}{3}(210+x)$

これを解いて，$x=330$　**答え**　$x=330$

重要

4　ペンを何人かの生徒に同じ本数ずつ配ります。1人に4本ずつ配ると37本あまり，7本ずつ配ると最後の1人は2本しかもらえません。

(1)　生徒の人数をx人として，方程式をつくりなさい。

(2)　ペンは何本ありますか。

考え方　2通りの配り方について，ペンの本数をxを用いて表します。

解き方 (1)　4本ずつ配るとき，ペンの本数は，$4x+37$(本)…①

7本ずつ配るとき，7本のペンをもらった生徒は$x-1$(人)だから，ペンの本数は，

$7(x-1)+2=7x-5$(本)…②

①，②はともにペンの本数を表しているので，

$4x+37=7x-5$　**答え**　$4x+37=7x-5$

(2)　(1)より，$4x+37=7x-5$

これを解いて，$x=14$

よって，ペンの本数は，$4\times14+37=93$(本)　**答え**　93本

発展問題

1 xについての方程式$ax-5=3(x-2a)+2$の解が5のとき，aの値を求めなさい。

解き方 $ax-5=3(x-2a)+2$に$x=5$を代入して，

$a\times5-5=3(5-2a)+2$

$5a-5=3(5-2a)+2$

これをaについての方程式とみて，aの値を求めると，

$5a-5=17-6a$

$11a=22$

$a=2$

答え $a=2$

2 まりえさんは，2km離（はな）れた駅へ向かって，分速60mで歩いています。まりえさんが出発してから15分後，お父さんが忘れ物に気づき，分速100mの自転車で追いかけました。お父さんはまりえさんに追いつくことができますか。追いつくとすると，まりえさんが出発してから何分後ですか。ただし，まりえさんは，駅に着くとすぐに電車に乗ってしまいます。

解き方 まりえさんが出発してからx分後にお父さんが追いつくとする。

まりえさんが進む道のりは，$60x$m

お父さんが進む道のりは，$100(\underline{x-15})$m

お父さんの自転車が進む時間

これらが等しくなることから，$60x=100(x-15)$

これを解いて，$x=\frac{75}{2}(=37.5)$

一方，まりえさんが駅に着くまでの時間は，

$\frac{2000}{60}=\frac{100}{3}(=33.3\cdots)$(分)

$\frac{75}{2}>\frac{100}{3}$より，お父さんはまりえさんに追いつくことができない。

答え 追いつくことができない。

練習問題

答え：別冊 p.6 ～ p.7

重要
1 次の方程式を解きなさい。

(1) $3x=4x+2$

(2) $4x+1=2x-9$

(3) $2(x-3)=x+5$

(4) $3(5-x)=2(4-x)+1$

(5) $1.6x-0.3=0.4x$

(6) $0.5(x+1)=0.25x-2$

(7) $\dfrac{2x-1}{4}=-\dfrac{x-2}{3}$

(8) $\dfrac{x}{3}+5=\dfrac{x+7}{2}$

2 まなさんは，ある小説を読んでいます。1日めには全体の$\dfrac{1}{3}$を読み，2日めには全体の$\dfrac{1}{5}$より10ページ多く読みましたが，まだ130ページ残っています。次の問いに答えなさい。

(1) 小説全体のページ数をxページとして，方程式をつくりなさい。

(2) 1日めと2日めとでは，どちらが何ページ多く読みましたか。

重要
3 たくまさんのお父さんは，ある高速道路を，行きは時速80kmで運転しましたが，帰りは高速道路が渋滞(じゅうたい)していて，時速30kmでしか運転できなかったので，行きよりちょうど3時間長くかかりました。このとき，高速道路の長さは何kmですか。また，行きにかかった時間は何時間何分ですか。

4 ある学校の卒業式で，卒業生が長椅子(ながいす)に座ることになりました。1脚(きゃく)の長椅子に3人ずつ座ると，86人の卒業生が座れません。そこで，長椅子を10脚増やし，さらに1脚の長椅子に5人ずつ座るようにしたところ，すべての長椅子にちょうど5人ずつ座れました。次の問いに答えなさい。

(1) はじめにあった長椅子の数を x 脚として，方程式をつくりなさい。

(2) この学校の卒業生は何人ですか。

5 あるお店では，すべての商品が1個あたり110円で売られていますが，20個より多い個数の商品をまとめ買いすると，20個までは値段は変わりませんが，20個を超(こ)える分はもとの値段の2割引きになります。このお店で x 個の品物を買ったところ，すべてもとの値段で買った場合の1割引きより22円安い代金になりました。このとき，x の値(あたい)を求めなさい。

1-4 式の計算

1 文字式の計算

☑ チェック!

多項式の加法・減法

文字の部分が同じ項(同類項)をそれぞれまとめます。

例 1　$2x+y+3x-2y$
$=5x-y$
（同類項をそれぞれまとめる）

例 2　$3(4x+y)-5(x-2y)$
$=12x+3y-5x+10y$
$=7x+13y$
（分配法則 $m(a+b)=ma+mb$ を使ってかっこをはずす）
（同類項をそれぞれまとめる）

例 3　$\dfrac{x+3y}{4}+\dfrac{5x-y}{6}$
$=\dfrac{3(x+3y)}{12}+\dfrac{2(5x-y)}{12}$
（4 と 6 の最小公倍数は 12 なので，分母を 12 にそろえる）
$=\dfrac{3(x+3y)+2(5x-y)}{12}$
$=\dfrac{3x+9y+10x-2y}{12}$
$=\dfrac{13x+7y}{12}$
（同類項をそれぞれまとめる）

テスト　次の計算をしなさい。

(1)　$(-x+3y)+5(x-y)$　　(2)　$\dfrac{3x+y}{2}-\dfrac{x+2y}{3}$

答え　(1)　$4x-2y$　　(2)　$\dfrac{7x-y}{6}$

☑チェック!

単項式の乗法・除法

乗法では，係数の積に文字の積をかけます。

除法では，分数の形に表して，約分します。

例 1　$3x^2y\times(-2y)^2$　累乗の計算を先にする

$=3x^2y\times4y^2$

$=3\times4\times x^2\times y\times y^2$

$=12x^2y^3$

例 2　$32x^4y^2\div(-8xy^2)$

$=-\dfrac{32x^4y^2}{8xy^2}$

$=-4x^3$

テスト　$30x^2y^3\div2x\div5y$ を計算しなさい。　答え　$3xy^2$

2 式の値

☑チェック!

式の値(あたい)の求め方

・式を簡単にしてから代入します。

・負の数を代入するときは，かっこをつけます。

例 1　$x=4$，$y=-3$ のとき，$2x+5y+3x-3y$ の値は，

$2x+5y+3x-3y=5x+2y$ より，$5\times4+2\times(-3)=20-6=14$

3 等式の変形

☑チェック!

与えられた等式を x を求める形($x=$□の形)に変形することを，

x について解くといいます。

例 1　等式 $y=x-4$ を x について解くと，

$y=x-4$

$-x=-y-4$　（x を左辺に，y を右辺に移項する）

$x=y+4$　（両辺を x の係数 -1 でわる）

基本問題

重要
1 次の計算をしなさい。

(1) $2x+y-(x+5y)$　　(2) $3(2x-5y)-2(x-3y)$

解き方 (1) $2x+y-(x+5y)$
$=2x+y-x-5y$
$=2x-x+y-5y$
$=x-4y$　答え $x-4y$

(2) $3(2x-5y)-2(x-3y)$
$=6x-15y-2x+6y$
$=6x-2x-15y+6y$
$=4x-9y$　答え $4x-9y$

重要
2 次の計算をしなさい。

(1) $2x^2y\times(-5xy^2)^2$　　(2) $-18x^4\div(-6x)$

考え方 (1)(2)係数と文字に分けて計算します。

解き方 (1) $2x^2y\times(-5xy^2)^2$
$=2x^2y\times25x^2y^4$
$=2\times25\times x^2\times x^2\times y\times y^4$
$=50x^4y^5$　答え $50x^4y^5$

(2) $-18x^4\div(-6x)$
$=\dfrac{-18x^4}{-6x}$
$=3x^3$　答え $3x^3$

重要
3 $x=-2$，$y=3$ のとき，次の式の値(あたい)を求めなさい。

(1) $x-y-(5x-4y)$　　(2) $-8x^4y^5\div(-2xy)^2$

解き方 (1) $x-y-(5x-4y)$
$=x-y-5x+4y$
$=-4x+3y$　← 式を簡単にする
$=-4\times\boxed{(-2)}+3\times\boxed{3}$　← 文字に値を代入する
$=8+9$
$=17$　答え 17

(2) $-8x^4y^5\div(-2xy)^2$
$=-8x^4y^5\div4x^2y^2$
$=-2x^2y^3$
$=-2\times\boxed{(-2)}^2\times\boxed{3}^3$
$=-2\times4\times27$
$=-216$　答え -216

重要
4 等式 $3x-y=2$ を y について解きなさい。

解き方 $3x-y=2$
$-y=-3x+2$
$y=3x-2$　答え $y=3x-2$

応用問題

重要 **1** 次の計算をしなさい。

(1) $0.5(6x+4y)-12\left(\frac{1}{4}x-\frac{1}{6}y\right)$ (2) $-8x^3y\div4x\div(-2xy)$

解き方 (1) $0.5(6x+4y)-12\left(\frac{1}{4}x-\frac{1}{6}y\right)$

$=3x+2y-3x+2y$

$=3x-3x+2y+2y$

$=4y$

答え $4y$

(2) $-8x^3y\div4x\div(-2xy)$

$=\frac{-8x^3y}{4x\times(-2xy)}$

$=x$

答え x

重要 **2** 2けたの自然数と，その数の十の位の数と一の位の数を入れかえた数の差が9の倍数であることを，説明しなさい。

解き方 2けたの自然数の位の数をそれぞれ文字で表して，式を変形する。

答え 2けたの自然数の十の位の数を a，一の位の数を b とすると，2けたの自然数は $10a+b$，十の位の数と一の位の数を入れかえた数は $10b+a$ と表される。これらの差は，

$(10a+b)-(10b+a)=9a-9b$

$=9(a-b)$

$a-b$ は自然数だから，$9(a-b)$ は9の倍数である。

よって，2けたの自然数と，その数の十の位の数と一の位の数を入れかえた数の差は，9の倍数である。

3 底面の半径が $r$cm，高さが2cmの円柱Aと，底面の半径が $2r$cm，高さが $h$cmの円柱Bがあります。Bの体積は，Aの体積の何倍ですか。ただし，円周率は π とします。

解き方 Aの体積は，$\pi r^2\times2=2\pi r^2$(cm^3)

Bの体積は，$\pi\times(2r)^2\times h=4\pi r^2h$(cm^3)

よって，Bの体積はAの体積の$\frac{4\pi r^2h}{2\pi r^2}=2h$(倍)

答え $2h$ 倍

発展問題

1 連続する3つの奇数(きすう)の和が中央の奇数の3倍になることは，次のように説明できます。

> n を整数とすると，連続する3つの奇数は，$2n+1$，$2n+3$，$2n+5$ と表される。これらの和は，
>
> $$(2n+1)+(2n+3)+(2n+5)=6n+9$$
> $$=\boxed{\text{ア}}$$
>
> $\boxed{\text{イ}}$ は中央の奇数だから，$\boxed{\text{ア}}$ は中央の奇数の3倍である。
>
> よって，連続する3つの奇数の和は，中央の奇数の3倍になる。

(1) $\boxed{\text{ア}}$，$\boxed{\text{イ}}$ にあてはまる式を求めなさい。

(2) この説明から，ゆみこさんは，「連続する5つの奇数の和は，中央の奇数の5倍になる」ことを予想しました。ゆみこさんの予想が正しいことを，文字を使って説明しなさい。

解き方 (1) 連続する3つの奇数の和が中央の奇数の3倍になることを示すためには，連続する3つの奇数 $2n+1$，$2n+3$，$2n+5$ の和を $3\times$(中央の奇数)に変形しなければならない。$6n+9$ は $3(2n+3)$ と変形できるため，$\boxed{\text{ア}}$ にあてはまる式は $3(2n+3)$ である。$2n+3$ は中央の奇数であるため，$\boxed{\text{イ}}$ にあてはまる式は $2n+3$ である。

答え $\boxed{\text{ア}}\cdots 3(2n+3)$　$\boxed{\text{イ}}\cdots 2n+3$

(2) 連続する5つの奇数を n を使って表し，その和が $5\times$(中央の奇数)となることを示せばよい。

答え n を整数とすると，連続する5つの奇数は，$2n+1$，$2n+3$，$2n+5$，$2n+7$，$2n+9$ と表される。これらの和は，

$$(2n+1)+(2n+3)+(2n+5)+(2n+7)+(2n+9)=10n+25$$
$$=5(2n+5)$$

$2n+5$ は中央の奇数だから，$5(2n+5)$ は中央の奇数の5倍である。よって，連続する5つの奇数の和は，中央の奇数の5倍になる。

練習問題

答え：別冊 p.8 ～ p.10

重要 **1** 次の計算をしなさい。

(1) $(x-3y)+(2x+y)$ (2) $4(x+3y)-3(3x-2y)$

(3) $14\left(\frac{1}{2}x-\frac{1}{7}y\right)+6\left(\frac{5}{6}x+\frac{2}{3}y\right)$ (4) $0.25(x+y)-0.75(x-y)$

(5) $\frac{x+5y}{6}+\frac{2x-y}{3}$ (6) $\frac{3x-2y}{5}-\frac{5x-y}{2}$

重要 **2** 次の計算をしなさい。

(1) $3x^3y^2\div(-4xy)^2$ (2) $-12x^2y^3\div4xy^2\times3xy$

重要 **3** $x=4$，$y=-2$ のとき，次の式の値（あたい）を求めなさい。

(1) $7x-5y-(2x-3y)$ (2) $-x^3y^4\div4x^2y$

重要 **4** 次の問いに答えなさい。

(1) 等式 $4x-2y-3=0$ を y について解きなさい。

(2) 等式 $V=\frac{1}{3}a^2h$ を h について解きなさい。

5 右の図のように，AB=4cm の長方形 ABCD の辺 AD 上に点 P があります。
AP=$x$cm，PD=$y$cm とするとき，次の問いに答えなさい。

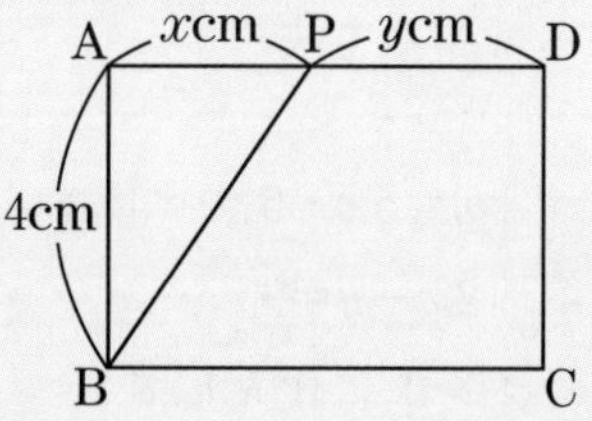

(1) 台形 PBCD の面積を x，y を用いたもっとも簡単な式で表しなさい。

(2) 台形 PBCD の面積が 30cm^2 のとき，y を x を用いて表しなさい。

1-5 連立方程式

1 連立方程式の解き方

☑チェック!

加減法…左辺どうし，右辺どうしをたすかひくかして，文字が1つの方程式をつくる方法

例 1 $\begin{cases} x+2y=4 & \cdots① \\ 3x-5y=1 & \cdots② \end{cases}$

$$\begin{array}{rr} & 3x+6y=12 \\ -) & 3x-5y=1 \\ \hline & 11y=11 \\ & y=1 \end{array}$$

←①を3倍して，x の係数をそろえる

$y=1$ を①に代入して，

$x+2\times1=4$

$x=2$

よって，連立方程式の解は，$x=2$，$y=1$

☑チェック!

代入法…一方の式を他方の式に代入して，文字が1つの方程式をつくる方法

例 1 $\begin{cases} y=5x-6 & \cdots① \\ 2x-y=3 & \cdots② \end{cases}$

①を②に代入して，

$2x-\boxed{(5x-6)}=3$ ←式を代入するときはかっこをつける

$2x-5x+6=3$

$-3x=-3$

$x=1$

$x=1$ を①に代入して，$y=5\times1-6=5-6=-1$

よって，連立方程式の解は，$x=1$，$y=-1$

☑チェック!

$A=B=C$ の形の方程式の解き方

$\begin{cases} A=C \\ B=C \end{cases}$ $\begin{cases} A=B \\ A=C \end{cases}$ $\begin{cases} A=B \\ B=C \end{cases}$ のいずれかの形になおして解きます。

例1　方程式 $x+3y=2x-y=7$ は，$\begin{cases} x+3y=7 \\ 2x-y=7 \end{cases}$ の形になおせます。

これを解いて，$x=4$，$y=1$

2 連立方程式の利用

☑チェック!

連立方程式を使って問題を解く手順

・わからない数量が2つのときは，文字が2つの方程式をつくります。

・方程式を2つつくり，連立方程式として，それを解きます。

例1　割合に関する問題

3年生の人数は45人です。男子の60％と女子の50％は運動部に入っていて，その合計は25人です。運動部の男子と女子の人数を求めるとき，上記の手順にしたがって，大きく2通りの方法が考えられます。

・文字で表す数量を決める。

男子全員の人数を x 人，
女子全員の人数を y 人とする。

・方程式を2つつくり，解く。

$$\begin{cases} x+y=45 \\ \dfrac{60}{100}x+\dfrac{50}{100}y=25 \end{cases}$$

$x=25$，$y=20$ となり，
$25\times0.6=15$，$20\times0.5=10$
よって，運動部の男子は15人
　　　　運動部の女子は10人

・文字で表す数量を決める。

運動部の男子の人数を x 人，
運動部の女子の人数を y 人とする。

・方程式を2つつくり，解く。

$$\begin{cases} x+y=25 \\ \dfrac{100}{60}x+\dfrac{100}{50}y=45 \end{cases}$$

$x=15$，$y=10$ となる。

よって，運動部の男子は15人
　　　　運動部の女子は10人

基本問題

重要 1 次の連立方程式を解きなさい。

(1) $\begin{cases} 4x-3y=15 \\ 5x+2y=13 \end{cases}$　(2) $\begin{cases} x-2y=1 \\ y=x-3 \end{cases}$　(3) $3x+4y=x-2y=10$

解き方 (1) $\begin{cases} 4x-3y=15 & \cdots① \\ 5x+2y=13 & \cdots② \end{cases}$

①×2+②×3 より,

$$\begin{array}{rr} 8x-6y & =30 \\ +)\ 15x+6y & =39 \\ \hline 23x \quad & =69 \\ x \quad & =3 \end{array}$$

y が消去される

両辺を 23 でわる

$x=3$ を②に代入して,

$5\times3+2y=13$

$15+2y=13$

$2y=-2$

$y=-1$

答え $x=3$, $y=-1$

(2) $\begin{cases} x-2y=1 & \cdots① \\ y=x-3 & \cdots② \end{cases}$

②を①に代入して, y を消去する。

$x-2(x-3)=1$

$x-2x+6=1$

分配法則を使う

$-x=-5$

$x=5$

両辺を −1 でわる

$x=5$ を②に代入して,

$y=5-3$

$=2$

答え $x=5$, $y=2$

(3) $\begin{cases} 3x+4y=10 & \cdots① \\ x-2y=10 & \cdots② \end{cases}$ になおして, 加減法で解く。

①+②×2 より,

$$\begin{array}{rr} 3x+4y & =10 \\ +)\ 2x-4y & =20 \\ \hline 5x \quad & =30 \\ x \quad & =6 \end{array}$$

$x=6$ を②に代入して,

$6-2y=10$

$-2y=4$

$y=-2$

答え $x=6$, $y=-2$

重要 **2** 次の連立方程式を解きなさい。

(1) $\begin{cases} \frac{2}{5}x+\frac{1}{2}y=2 \\ 3x+5y=10 \end{cases}$　　(2) $\begin{cases} -0.4x+0.1y=2 \\ x+2y=13 \end{cases}$

解き方 (1) $\begin{cases} \frac{2}{5}x+\frac{1}{2}y=2 & \cdots① \\ 3x+5y=10 & \cdots② \end{cases}$

①×10 より，$4x+5y=20$　…①′

①′－②より，

$$\begin{array}{r} 4x+5y=20 \\ -)\ 3x+5y=10 \\ \hline x\qquad=10 \end{array}$$

$x=10$ を②に代入して，

$30+5y=10$

$y=-4$

答え $x=10$，$y=-4$

(2) $\begin{cases} -0.4x+0.1y=2 & \cdots① \\ x+2y=13 & \cdots② \end{cases}$

①×10 より，$-4x+y=20$　…①′

①′×2－②より，

$$\begin{array}{r} -8x+2y=40 \\ -)\quad x+2y=13 \\ \hline -9x\qquad=27 \\ x\qquad=-3 \end{array}$$

$x=-3$ を①′に代入して，

$12+y=20$

$y=8$

答え $x=-3$，$y=8$

重要 **3** 6個入りの卵と10個入りの卵を合わせて14パック買ったところ，卵は合計108個になりました。それぞれ何パック買いましたか。

解き方 6個入りを x パック，10個入りを y パック買ったとする。

パック数の合計について，$x+y=14$　…①

卵の個数の合計について，$6x+10y=108$　…②

①×3－②÷2より，

$$\begin{array}{r} 3x+3y=42 \\ -)\ 3x+5y=54 \\ \hline -2y=-12 \\ y=6 \end{array}$$

$y=6$ を①に代入して，

$x+6=14$

$x=8$

答え 6個入り…8パック
10個入り…6パック

応用問題

重要

1 A駅から160km離(はな)れたB駅まで行くのに，途中のP駅までは時速100kmの特急電車に乗り，P駅からは時速60kmの普通電車に乗り換(か)えると，1時間50分かかります。ただし，乗り換えのためにかかる時間は考えません。A駅からP駅までの道のり，P駅からB駅までの道のりはそれぞれ何kmですか。

解き方 A駅からP駅までの道のりを $x$km，P駅からB駅までの道のりを $y$km とする。

A駅からB駅までの道のりについて，$x+y=160$ …①

電車に乗った時間の合計は1時間50分$=\frac{11}{6}$時間なので，

$\frac{x}{100}+\frac{y}{60}=\frac{11}{6}$ …②

②×300−①×3 より，

$$\begin{array}{r} 3x+5y=550 \\ -)\ 3x+3y=480 \\ \hline 2y=70 \\ y=35 \end{array}$$

$y=35$ を①に代入して，

$x+35=160$

$x=125$

答え A駅からP駅まで… 125km　P駅からB駅まで… 35km

2 ある飲食店では，先週，コーヒーと紅茶が合計400杯(ぱい)売れました。今週は，コーヒーは先週の90％，紅茶は80％しか売れず，合計345杯売れました。先週売れたコーヒーと紅茶はそれぞれ何杯ですか。

解き方 先週はコーヒーが x 杯，紅茶が y 杯売れたとする。

先週売れた数量について，$x+y=400$ …①

今週売れた数量について，$0.9x+0.8y=345$ …②

①×9−②×10 より，

$$\begin{array}{r} 9x+9y=3600 \\ -)\ 9x+8y=3450 \\ \hline y=150 \end{array}$$

$y=150$ を①に代入して，

$x+150=400$

$x=250$

答え コーヒー… 250杯　紅茶… 150杯

発展問題

1 ある列車が，630m の鉄橋を渡り始めてから完全に渡り終えるまでに，30 秒かかりました。この列車が，同じ速さで 1005m のトンネルに入り始めてから完全に出るまでに 45 秒かかりました。ただし，鉄橋を渡り始めるとは，列車の先頭が鉄橋を渡り始めること，鉄橋を完全に渡り終えるとは，列車の最後尾が鉄橋を出ることをいいます。トンネルについても同じです。

(1) 列車の長さを xm，速さを秒速 ym として，x，y を求めるための連立方程式をつくりなさい。

(2) 列車の長さと列車の速さを求めなさい。

考え方 鉄橋を渡る列車の先頭は，渡り始めてから完全に渡り終えるまでに，(鉄橋の長さ)＋(列車の長さ)だけ進みます。

解き方 (1) 鉄橋を渡り始めてから渡り終えるまでに列車の先頭が進む道のりについて，

$\underline{630+x}=\underline{y\times 30}$

列車の先頭が進む道のり　速さ×時間

整理して，$x-30y=-630$ …①

トンネルについても同様に，$1005+x=y\times 45$

整理して，$x-45y=-1005$ …②

答え $\begin{cases} x-30y=-630 \\ x-45y=-1005 \end{cases}$

(2) ①－②より，$15y=375$

$y=25$

$y=25$ を①に代入して，$x-30\times 25=-630$

$x=120$

答え 列車の長さ… 120m　列車の速さ…秒速 25m

練習問題

答え：別冊 p.10 ～ p.13

重要 **1** 次の連立方程式を解きなさい。

(1) $\begin{cases} 4x-7y=1 \\ 6x+5y=17 \end{cases}$　(2) $\begin{cases} x=2y+1 \\ y=2x+1 \end{cases}$

(3) $\begin{cases} y=2x \\ y=-x+1 \end{cases}$　(4) $5x+2y=x+3y=13$

(5) $\begin{cases} -0.5x+0.4y=3 \\ 2x-y=-9 \end{cases}$　(6) $\begin{cases} 5(x+2y)=7y+3 \\ \dfrac{x}{3}+\dfrac{y}{2}=1 \end{cases}$

重要 **2** ある動物園の入園料は，大人 1 人と子ども 4 人だと 1040 円になり，大人 2 人と子ども 5 人だと 1660 円になります。次の問いに答えなさい。

(1) 大人 1 人の入園料を x 円，子ども 1 人の入園料を y 円として，x，y を求めるための連立方程式をつくりなさい。

(2) 大人 1 人と子ども 1 人の入園料は，それぞれ何円ですか。

重要 **3** あるお店では 2 種類のノート A，B を売っています。ひろしさんは，A を 5 冊，B を 3 冊買って 1430 円払(はら)いました。それを聞いたよしきさんも同じ店でノートを買おうとしましたが，A と B を買う数をひろしさんと逆にしてしまったため，代金はひろしさんより 100 円高くなりました。次の問いに答えなさい。

(1) A の値段を x 円，B の値段を y 円として，x，y を求めるための連立方程式をつくりなさい。

(2) A，B の値段は，それぞれ何円ですか。

4 ある町内は，東地区と西地区に分かれています。去年，町内のボランティア活動に参加したことがある人は，東地区と西地区の合計で190人でした。今年，ボランティア活動に参加したことがある人が，東地区では10％，西地区では5％増えたため，町内全体では参加したことがある人は15人増えました。次の問いに答えなさい。

(1) 去年，ボランティア活動に参加したことがある人を，東地区はx人，西地区はy人として，x，yを求めるための連立方程式をつくりなさい。

(2) 今年，ボランティア活動に参加したことがある人は，東地区，西地区でそれぞれ何人ですか。

重要
5 ひさしさんとてつおさんの2人が，1周6000mのサイクリングコースを，同時に同じ場所を出発し，それぞれ一定の速さで走ります。ひさしさんとてつおさんが反対方向に走ると，18分後に2人は初めて出会います。同じ方向に走ると，90分後に初めてひさしさんがてつおさんに追いつきます。次の問いに答えなさい。

(1) ひさしさんの走る速さを分速xm，てつおさんの走る速さを分速ymとして，x，yを求めるための連立方程式をつくりなさい。

(2) ひさしさんとてつおさんの走る速さは，それぞれ分速何mですか。

1-6 式の展開と因数分解

1 式の展開

☑ チェック!

> **展開**…単項式(たんこうしき)と多項式の積，多項式と多項式の積の形をした式を，
> かっこを外して１つの多項式に表すこと

例 1　$(a+b)(c+d)$の展開

$$(a+b)(c+d)=(a+b)M$$　←$c+d=M$とおく

$$=aM+bM$$　←分配法則

$$=a(c+d)+b(c+d)$$　←Mを$c+d$に戻す

$$=\underset{①}{\underline{ac}}+\underset{②}{\underline{ad}}+\underset{③}{\underline{bc}}+\underset{④}{\underline{bd}}$$　←分配法則

←この順に積を書き出せばよい

☑ チェック!

> **乗法公式**
>
> $(x+a)(x+b)=x^2+(a+b)x+ab$
>
> $(x+a)^2=x^2+2ax+a^2$
>
> $(x-a)^2=x^2-2ax+a^2$
>
> $(x+a)(x-a)=x^2-a^2$

例 1　$(x+2)(x-4)=x^2+\{2+(-4)\}x+2\times(-4)$　←$a=2$，$b=-4$

$=x^2-2x-8$

例 2　$(x+3)^2=x^2+2\times3\times x+3^2$　←$a=3$

$=x^2+6x+9$

テスト　次の式を展開して計算しなさい。

(1)　$(a+1)(b-3)$　　(2)　$(x-3)(x+4)$　　(3)　$(x+5)(x-5)$

答え　(1)　$ab-3a+b-3$　　(2)　x^2+x-12　　(3)　x^2-25

2 因数分解

☑チェック！

因数…多項式をいくつかの単項式や多項式の積で表すとき，その個々の数や式を因数といいます。$x^2+2x-3=(x+3)(x-1)$ より，$x+3$，$x-1$ が x^2+2x-3 の因数です。

因数分解…多項式をいくつかの因数の積の形で表すこと

共通因数…式のすべての項に含（ふく）まれる因数を共通因数といいます。$ab+ac$ では a が共通因数です。

例 1　共通因数をくくり出す因数分解

$a^2b+2ab=ab\times a+2\times ab$ ←共通因数は ab

$=ab(a+2)$ ←分配法則 $ma+mb=m(a+b)$

☑チェック！

因数分解の公式

$x^2+(a+b)x+ab=(x+a)(x+b)$

$x^2+2ax+a^2=(x+a)^2$

$x^2-2ax+a^2=(x-a)^2$

$x^2-a^2=(x+a)(x-a)$

例 1　$x^2+3x-4=(x+4)(x-1)$ ←積が -4，和が 3 になる 2 つの数を見つける

積が−4	和が 3
−4，1	×
−2，2	×
−1，4	○

例 2　$a^2+4ab+4b^2=a^2+2\times a\times 2b+(2b)^2$

$=(a+2b)^2$

テスト　次の式を因数分解しなさい。

(1)　ax^2+2ax　　(2)　x^2-6x+8　　(3)　x^2-64

答え　(1)　$ax(x+2)$　　(2)　$(x-2)(x-4)$　　(3)　$(x+8)(x-8)$

基本問題

重要 **1** 次の式を展開して計算しなさい。

(1) $(2a+3)(b-4)$　　(2) $(x-6)^2$

(3) $(x+2)(x+5)-(x+3)(x-3)$　　(4) $(2x+1)(2x+7)$

ポイント
(2) $(x-a)^2=x^2-2ax+a^2$
(3) $(x+a)(x+b)=x^2+(a+b)x+ab$
$(x+a)(x-a)=x^2-a^2$

解き方 (1) $(2a+3)(b-4)=2ab-8a+3b-12$　答え $2ab-8a+3b-12$

(2) $(x-6)^2=x^2-12x+36$　答え $x^2-12x+36$

(3) $(x+2)(x+5)-(x+3)(x-3)=(x^2+7x+10)-(x^2-9)$
$=x^2+7x+10-x^2+9$
$=7x+19$　答え $7x+19$

(4) $(2x+1)(2x+7)=4x^2+14x+2x+7$
$=4x^2+16x+7$　答え $4x^2+16x+7$

重要 **2** 次の式を因数分解しなさい。

(1) $3ax^3+x^2$　　(2) $x^2-2x-35$

(3) $a^2-6ab+9b^2$　　(4) $25a^2-9b^2$

ポイント
(2) $x^2+(a+b)x+ab=(x+a)(x+b)$
(3) $x^2-2ax+a^2=(x-a)^2$
(4) $x^2-a^2=(x+a)(x-a)$

解き方 (1) $3ax^3+x^2=x^2(3ax+1)$　答え $x^2(3ax+1)$

(2) $x^2-2x-35=(x+5)(x-7)$　答え $(x+5)(x-7)$

(3) $a^2-6ab+9b^2=(a-3b)^2$　答え $(a-3b)^2$

(4) $25a^2-9b^2=(5a+3b)(5a-3b)$　答え $(5a+3b)(5a-3b)$

応用問題

重要 **1** 次の式を因数分解しなさい。

(1) $ax^2-6ax+5a$　　(2) $(x+y)^2-(x+y)-6$

考え方
(1)共通因数をくくり出し，因数分解の公式を用います。
(2) $x+y$ を1つの文字におきかえて考えます。

解き方 (1) $ax^2-6ax+5a$
$=a(x^2-6x+5)$
$=a(x-1)(x-5)$

共通因数 a でくくる
$x^2+(a+b)x+ab=(x+a)(x+b)$

答え $a(x-1)(x-5)$

(2) $x+y=A$ とおくと，
$(x+y)^2-(x+y)-6$
$=A^2-A-6$
$=(A+2)(A-3)$
$=(x+y+2)(x+y-3)$

$x^2+(a+b)x+ab=(x+a)(x+b)$
A を元に戻す

答え $(x+y+2)(x+y-3)$

2 連続する2つの偶数(ぐうすう)の積からその間の奇数(きすう)の2乗をひいた数は，必ず一定になります。このことを文字を使って説明し，その値(あたい)を求めなさい。

解き方 連続する2つの偶数とその間の奇数を n を使って表し，計算する。

答え n を整数とすると，連続する2つの偶数は $2n$，$2n+2$，その間の奇数は $2n+1$ と表されるから，その差は，

$$2n(2n+2)-(2n+1)^2=4n^2+4n-(4n^2+4n+1)$$
$$=-1$$

よって，連続する2つの偶数の積からその間の奇数の2乗をひいた数は，必ず -1 になる。

発展問題

1 右の図のように，半径 xm の円の土地の周囲に，幅（はば） am の道をつけました。道の真ん中を通る線の長さを ℓm，道の面積を Sm^2 とするとき，S を a，ℓ を用いて表しなさい。ただし，円周率は π とします。

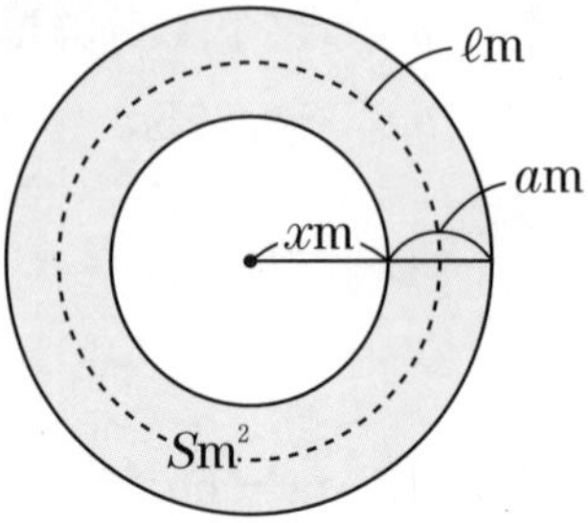

解き方 道の真ん中を通る線は，半径 $x+\frac{1}{2}a$(m) の円だから，

$\ell=2\pi\left(x+\frac{1}{2}a\right)=\pi(2x+a)$(m)

$S=\pi(x+a)^2-\pi x^2=\pi(x^2+2ax+a^2-x^2)=\pi a(2x+a)$(m^2)

したがって，$S=a\times\pi(2x+a)=a\ell$　　**答え** $S=a\ell$

2 2けたの自然数の2乗と，もとの自然数の十の位の数と一の位の数を入れかえた数の2乗の差が99の倍数であることを，説明しなさい。

解き方 2けたの自然数の位の数をそれぞれ文字で表して，式を変形する。

答え もとの自然数の十の位の数を a，一の位の数を b とすると，もとの自然数は $10a+b$，十の位の数と一の位の数を入れかえた数は $10b+a$ と表される。よって，それぞれの2乗の差は，

$(10a+b)^2-(10b+a)^2$

$=\{(10a+b)+(10b+a)\}\times\{(10a+b)-(10b+a)\}$

$=(11a+11b)(9a-9b)$

$=99(a+b)(a-b)$

$a+b$，$a-b$ は整数であるから，$(a+b)(a-b)$ も整数である。よって，$99(a+b)(a-b)$ は99の倍数である。

したがって，2けたの自然数の2乗と，もとの自然数の十の位の数と一の位の数を入れかえた数の2乗の差は，99の倍数である。

練習問題

答え：別冊 p.14 ～ p.15

重要 **1** 次の式を展開して計算しなさい。

(1) $(a+1)(3-2a)$　(2) $(5a-3b)^2$

(3) $(a+3)(a+2)-(a-6)(a-1)$　(4) $(4a+b)^2+(4a-b)^2$

重要 **2** 次の式を因数分解しなさい。

(1) $ab^4-a^2b^2+2ab^3$　(2) $x^2-4xy-5y^2$

(3) $x^2-12x+36$　(4) $16a^3-a$

3 連続する3つの整数をそれぞれ2乗した数の和から3つの整数のうちもっとも大きい数ともっとも小さい数の積の3倍をひいた数は，必ず一定になります。このことを文字を使って説明し，その値（あたい）を求めなさい。

1-7 平方根

1 平方根

☑チェック!

平方根…2乗するとaになる数をaの平方根といいます。正の数の平方根は2つあり，一方は正，もう一方は負になります。

根号…記号「$\sqrt{\ }$」を根号といいます。$a>0$のとき，$\sqrt{a}$はaの正の平方根，$-\sqrt{a}$は負の平方根を表します。また，$\sqrt{0}=0$です。

平方根の大小関係…正の数a，bについて，$a<b$ならば$\sqrt{a}<\sqrt{b}$

例1　4の平方根は± 2，5の平方根は$\pm\sqrt{5}$，0の平方根は0です。

例2　$-\sqrt{9}$は，根号を使わずに表すと，-3となります。

例3　$\sqrt{6}$と$\sqrt{7}$は，$6<7$より，$\sqrt{7}$のほうが大きいです。

2 根号を含む式の計算

☑チェック!

根号を含(ふく)む式の計算

正の数a，bについて

$\sqrt{a^2}=a$，$\sqrt{a}\times\sqrt{b}=\sqrt{ab}$，$\dfrac{\sqrt{a}}{\sqrt{b}}=\sqrt{\dfrac{a}{b}}$，$\sqrt{a^2b}=a\sqrt{b}$

分母の有理化…分母に$\sqrt{\ }$を含まない形に変形すること

例1　$\sqrt{2}\times\sqrt{7}=\sqrt{2\times7}=\sqrt{14}$

例2　$\sqrt{6}\div\sqrt{3}=\dfrac{\sqrt{6}}{\sqrt{3}}=\sqrt{\dfrac{6}{3}}=\sqrt{2}$

例3　$\sqrt{10}\times\sqrt{12}=\sqrt{2\times5}\times\sqrt{2^2\times3}=2\sqrt{30}$

例4　$\dfrac{\sqrt{5}}{\sqrt{3}}=\dfrac{\sqrt{5}\times\boxed{\sqrt{3}}}{\sqrt{3}\times\boxed{\sqrt{3}}}=\dfrac{\sqrt{15}}{3}$　←分母と分子に同じ数をかける

☑ チェック！

根号を含む式の加法・減法

同類項(どうるいこう)をまとめる計算と同様にします。

例１　$3\sqrt{2}+2\sqrt{2}=(3+2)\sqrt{2}=5\sqrt{2}$

例２　$\sqrt{3}-4\sqrt{3}=(1-4)\sqrt{3}=-3\sqrt{3}$

例３　$\sqrt{2}-\sqrt{3}-3\sqrt{2}+5\sqrt{3}$

$=(\sqrt{2}-3\sqrt{2})+(-\sqrt{3}+5\sqrt{3})$

$=-2\sqrt{2}+4\sqrt{3}$

☑ チェック！

根号を含むいろいろな式の計算

分配法則，乗法公式などを用いて計算できます。

例１　$\sqrt{5}(2+\sqrt{3})=\sqrt{5}\times2+\sqrt{5}\times\sqrt{3}$　$\leftarrow m(a+b)=ma+mb$

$=\underset{①}{\underline{2\sqrt{5}}}+\underset{②}{\underline{\sqrt{15}}}$

例２　$(\sqrt{5}+1)(\sqrt{5}-4)$

$=(\sqrt{5})^2+(1-4)\sqrt{5}+1\times(-4)$　$\leftarrow (x+a)(x+b)=x^2+(a+b)x+ab$

$=5-3\sqrt{5}-4$

$=1-3\sqrt{5}$

例３　$(\sqrt{2}+\sqrt{3})^2$

$=(\sqrt{2})^2+2\times\sqrt{2}\times\sqrt{3}+(\sqrt{3})^2$　$\leftarrow (x+a)^2=x^2+2ax+a^2$

$=2+2\sqrt{6}+3$

$=5+2\sqrt{6}$

テスト　次の計算をしなさい。

(1)　$-3\sqrt{2}+4\sqrt{2}$　　(2)　$(\sqrt{5}-\sqrt{2})^2$　　(3)　$(\sqrt{3}+1)(\sqrt{3}-1)$

答え　(1)　$\sqrt{2}$　　(2)　$7-2\sqrt{10}$　　(3)　2

基本問題

1 次の数の平方根を求めなさい。

(1) 225　　(2) 0.49

考え方 (1)素因数分解して，2 乗して 225 になる数を見つけます。

解き方 (1) $225=3^2\times5^2=(3\times5)^2=15^2$ より，±15　**答え** ±15

(2) $0.49=0.7^2$ より，±0.7　**答え** ±0.7

2 次の数の大小を，不等号を使って表しなさい。

$20,\ \sqrt{40},\ \dfrac{\sqrt{80}}{2}$

解き方 3 つの数を 2 乗して大小を比較(ひかく)する。

$20^2=400,\ (\sqrt{40})^2=40,\ \left(\dfrac{\sqrt{80}}{2}\right)^2=\dfrac{80}{4}=20$

$20<40<400$ だから，3 つの数の大小は，

$\dfrac{\sqrt{80}}{2}<\sqrt{40}<20$　**答え** $\dfrac{\sqrt{80}}{2}<\sqrt{40}<20$

3 次の計算をしなさい。

(1) $\sqrt{14}\times\sqrt{42}$　　(2) $\sqrt{40}\div\sqrt{5}$

解き方 (1) $\sqrt{14}\times\sqrt{42}=\sqrt{2\times7}\times\sqrt{2\times3\times7}=14\sqrt{3}$　**答え** $14\sqrt{3}$

(2) $\sqrt{40}\div\sqrt{5}=\dfrac{\sqrt{40}}{\sqrt{5}}=\sqrt{8}=2\sqrt{2}$　**答え** $2\sqrt{2}$

4 次の数の分母を有理化しなさい。

(1) $\dfrac{2}{\sqrt{3}}$　　(2) $\dfrac{8}{5\sqrt{2}}$

解き方 (1) $\dfrac{2}{\sqrt{3}}=\dfrac{2\times\sqrt{3}}{\sqrt{3}\times\sqrt{3}}=\dfrac{2\sqrt{3}}{3}$　**答え** $\dfrac{2\sqrt{3}}{3}$

(2) $\dfrac{8}{5\sqrt{2}}=\dfrac{8\times\sqrt{2}}{5\sqrt{2}\times\sqrt{2}}=\dfrac{8\sqrt{2}}{10}=\dfrac{4\sqrt{2}}{5}$　**答え** $\dfrac{4\sqrt{2}}{5}$

応用問題

1 $\sqrt{75n}$ が整数となるような最小の正の整数 n を求めなさい。

考え方 $75n$ がある正の整数の2乗になるような最小の n の値（あたい）を求めます。

解き方 $\sqrt{75n}=\sqrt{3\times5^2\times n}=5\sqrt{3n}$ より，$n=3$ **答え** $n=3$

重要

2 次の計算をしなさい。

(1) $\sqrt{5}(2\sqrt{2}-3\sqrt{5})+10$　　(2) $(2+\sqrt{3})^2-\dfrac{12}{\sqrt{3}}$

(3) $\sqrt{2}+\sqrt{4}+\sqrt{8}+\sqrt{16}$

考え方 分母に $\sqrt{}$ を含（ふく）む数は，有理化します。

解き方 (1) $\sqrt{5}(2\sqrt{2}-3\sqrt{5})+10$

$=\sqrt{5}\times2\sqrt{2}-\sqrt{5}\times3\sqrt{5}+10$

$=2\sqrt{10}-15+10$

$=2\sqrt{10}-5$ **答え** $2\sqrt{10}-5$

(2) $(2+\sqrt{3})^2-\dfrac{12}{\sqrt{3}}$

$=2^2+2\times2\times\sqrt{3}+(\sqrt{3})^2-\dfrac{12\times\boxed{\sqrt{3}}}{\sqrt{3}\times\boxed{\sqrt{3}}}$ ← 分母と分子に $\sqrt{3}$ をかけ，分母を有理化する

$=4+4\sqrt{3}+3-\dfrac{12\sqrt{3}}{3}$

$=4+4\sqrt{3}+3-4\sqrt{3}$

$=7$ **答え** 7

(3) $\sqrt{2}+\sqrt{4}+\sqrt{8}+\sqrt{16}=\sqrt{2}+2+2\sqrt{2}+4$

$=3\sqrt{2}+6$ **答え** $3\sqrt{2}+6$

発展問題

重要 **1** $x=\sqrt{3}+\sqrt{5}$，$y=\sqrt{3}-\sqrt{5}$ のとき，次の式の値（あたい）を求めなさい。

(1) xy　　　　(2) x^2-y^2

ポイント
(1) $(x+a)(x-a)=x^2-a^2$
(2) $x^2-y^2=(x+y)(x-y)$

解き方 (1) $xy=(\sqrt{3}+\sqrt{5})(\sqrt{3}-\sqrt{5})=3-5=-2$　　答え -2

(2) $x^2-y^2=(x+y)(x-y)$

$=(\sqrt{3}+\sqrt{5}+\sqrt{3}-\sqrt{5})(\sqrt{3}+\sqrt{5}-\sqrt{3}+\sqrt{5})$

$=2\sqrt{3}\times2\sqrt{5}$

$=4\sqrt{15}$　　答え $4\sqrt{15}$

2 B5判の紙は，短い辺と長い辺の長さの比が$1:\sqrt{2}$の長方形です。B5判の紙を2枚並べると，B4判の紙1枚と同じ大きさになります。

このことから，B5判とB4判の紙で，短い辺と長い辺の長さの比が等しいことを説明しなさい。

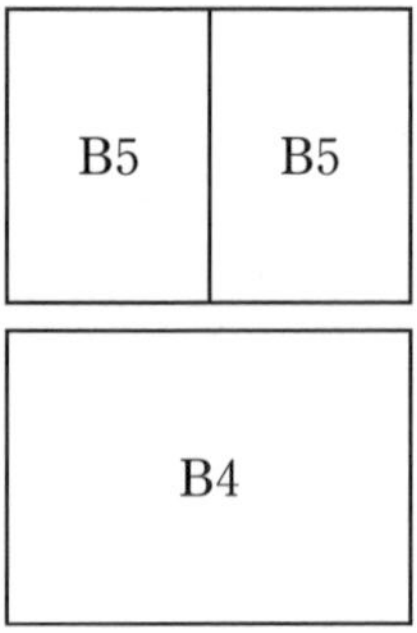

解き方 B4判の紙の短い辺はB5判の紙の長い辺，B4判の紙の長い辺はB5判の紙の短い辺の2倍の長さになる。

答え B4判の紙の短い辺と長い辺の長さの比は，

$\sqrt{2}:2$

比の性質より，

$1:\sqrt{2}=1\times\sqrt{2}:\sqrt{2}\times\sqrt{2}$

$=\sqrt{2}:2$

であるから，B5判とB4判の紙で，短い辺と長い辺の長さの比は等しい。

練習問題

答え：別冊 p.15 ～ p.16

1 次の数の大小を，不等号を使って表しなさい。

$\sqrt{\dfrac{5}{2}}$，2.5，$\dfrac{2}{\sqrt{5}}$

2 $\sqrt{3}=1.732$ として，$\dfrac{30}{\sqrt{12}}$ の値を求めなさい。

重要

3 次の計算をしなさい。

(1) $\sqrt{20}\times\sqrt{15}$　　(2) $\sqrt{27}\div\sqrt{135}$

(3) $\sqrt{18}+\sqrt{32}-\sqrt{50}$　　(4) $\sqrt{5}(\sqrt{20}-3)-10$

(5) $(\sqrt{3}-1)^2+\dfrac{6}{\sqrt{3}}$　　(6) $(\sqrt{2}+4)(\sqrt{8}-1)-\dfrac{2}{\sqrt{2}}$

重要

4 n を正の整数とするとき，次の問いに答えなさい。

(1) $\sqrt{25-2n}$ が整数になるような n の値をすべて求めなさい。

(2) $\sqrt{\dfrac{100}{n}}$ が整数になるような n は全部で何個ありますか。

5 n を正の整数とするとき，$1.1<\sqrt{n}<\dfrac{11}{\sqrt{11}}$ を満たす n は全部で何個ありますか。

1-8 2次方程式

1 2次方程式

チェック!

2次方程式… $ax^2+bx+c=0\ (a\neq 0)$ の形をした方程式

平方根の考えを使った解き方

$x^2=m$ の形をした2次方程式は，平方根の考え方で解くことができます。

例1　$x^2=4$ の解は，$x=\pm 2$ です。

例2　$3x^2=9$
　　両辺を3でわる
$x^2=3$
　　2乗して3になる数（3の平方根）が解となる
$x=\pm\sqrt{3}$

チェック!

平方の形に変形する解き方

2次方程式は，$(x+p)^2=q$ の形に変形して，平方根の考え方で解くことができます。

例1　$x^2-6x+1=0$
　　1を右辺に移項（いこう）する
$x^2-6x=-1$
　　6の半分の3の2乗を両辺に加える
$x^2-6x+\boxed{3^2}=-1+\boxed{3^2}$
　　左辺を2乗（平方）の形にする
$(x-3)^2=8$
　　2乗して8になる数を求める
$x-3=\pm 2\sqrt{2}$
　　−3を右辺に移項する
$x=3\pm 2\sqrt{2}$

テスト　次の2次方程式を解きなさい。

(1)　$3x^2=12$　　(2)　$(x+1)^2=3$　　(3)　$x^2-4x-1=0$

答え　(1)　$x=\pm 2$　　(2)　$x=-1\pm\sqrt{3}$　　(3)　$x=2\pm\sqrt{5}$

2 2次方程式の解の公式

☑ チェック!

2次方程式の解の公式…2次方程式 $ax^2+bx+c=0$ の解を求める公式

$$x=\frac{-b\pm\sqrt{b^2-4ac}}{2a}$$

例1　$2x^2+x-4=0$

$$x=\frac{-1\pm\sqrt{1^2-4\times2\times(-4)}}{2\times2}$$ ←解の公式に $a=2$，$b=1$，$c=-4$ を代入する

$$=\frac{-1\pm\sqrt{33}}{4}$$

例2　$x^2-3x-1=0$

$$x=\frac{-(-3)\pm\sqrt{(-3)^2-4\times1\times(-1)}}{2\times1}$$ ←解の公式に $a=1$，$b=-3$，$c=-1$ を代入する

$$=\frac{3\pm\sqrt{13}}{2}$$

例3　$x^2-6x+1=0$

$$x=\frac{-(-6)\pm\sqrt{(-6)^2-4\times1\times1}}{2\times1}$$ ←解の公式に $a=1$，$b=-6$，$c=1$ を代入する

$$=\frac{6\pm\sqrt{32}}{2}$$

$$=\frac{6\pm4\sqrt{2}}{2}$$ ← $\sqrt{a^2b}=a\sqrt{b}$

$$=3\pm2\sqrt{2}$$ ←約分すると，前のページの式と同じ解になる

テスト　次の2次方程式を解きなさい。

(1)　$x^2-5x+1=0$　　(2)　$3x^2-2x-2=0$

(3)　$x^2+10x-2=0$　　(4)　$4x^2+3x-1=0$

答え　(1)　$x=\frac{5\pm\sqrt{21}}{2}$　　(2)　$x=\frac{1\pm\sqrt{7}}{3}$

(3)　$x=-5\pm3\sqrt{3}$　　(4)　$x=\frac{1}{4},\ -1$

3 因数分解を使った解き方

☑ チェック！

因数分解を使った解き方

2つの数や式について，「$AB=0$ ならば $A=0$ または $B=0$」が成り立ちます。これを用いて，2次方程式を解くこともできます。

例1 $(x+3)(x-5)=0$ ならば，$x+3=0$ または $x-5=0$

$x+3=0$ のとき $x=-3$，$x-5=0$ のとき $x=5$ だから，

$(x+3)(x-5)=0$ の解は，$x=-3$，5

例2 $x^2-6x+8=0$ は，次のように解くことができます。

$(x-2)(x-4)=0$ ←$x^2+(a+b)x+ab=(x+a)(x+b)$

これより，$x-2=0$ または $x-4=0$

よって，$x^2-6x+8=0$ の解は，$x=2$，4

例3 $x^2-7x=0$ は，次のように解くことができます。

$x(x-7)=0$ ←$ma+mb=m(a+b)$

これより，$x=0$ または $x-7=0$

よって，$x^2-7x=0$ の解は，$x=0$，7

例4 $x^2+6x+9=0$ は，次のように解くことができます。

$(x+3)^2=0$ ←$x^2+2ax+a^2=(x+a)^2$

これより，$x+3=0$

よって，$x^2+6x+9=0$ の解は，$x=-3$ ←解は1つだけ

テスト 次の2次方程式を解きなさい。

(1) $(x+7)(x+8)=0$　　(2) $x^2-2x-3=0$

(3) $x^2+2x=0$　　(4) $x^2-4x+4=0$

答え (1) $x=-7$，-8　(2) $x=-1$，3

(3) $x=0$，-2　(4) $x=2$

基本問題

1 次の2次方程式を解きなさい。

(1) $2x^2=32$　　(2) $5x^2-10=0$

考え方 平方根の考え方を使って解きます。

解き方 (1) $2x^2=32$ より，$x^2=16$

よって，解は，$x=\pm4$　　**答え** $x=\pm4$

(2) $5x^2-10=0$ より，$5x^2=10$

$x^2=2$

よって，解は，$x=\pm\sqrt{2}$　　**答え** $x=\pm\sqrt{2}$

重要

2 次の2次方程式を，解の公式を使って解きなさい。

(1) $x^2-5x+2=0$　　(2) $2x^2-x-1=0$

ポイント 2次方程式 $ax^2+bx+c=0$ の解は，$x=\dfrac{-b\pm\sqrt{b^2-4ac}}{2a}$

解き方 (1) 解の公式に $a=1$，$b=-5$，$c=2$ を代入して，

$$x=\frac{-(-5)\pm\sqrt{(-5)^2-4\times1\times2}}{2\times1}$$

$$=\frac{5\pm\sqrt{17}}{2}$$

答え $x=\dfrac{5\pm\sqrt{17}}{2}$

(2) 解の公式に $a=2$，$b=-1$，$c=-1$ を代入して，

$$x=\frac{-(-1)\pm\sqrt{(-1)^2-4\times2\times(-1)}}{2\times2}$$

$$=\frac{1\pm\sqrt{9}}{4}=\frac{1\pm3}{4}$$

$\dfrac{1+3}{4}=1$，$\dfrac{1-3}{4}=-\dfrac{1}{2}$ であるから，解は，$x=1$，$-\dfrac{1}{2}$

答え $x=1$，$-\dfrac{1}{2}$

重要 **3** 次の2次方程式を解きなさい。

(1) $5x^2=4x$　　(2) $x^2-10x+16=0$

(3) $x^2+4x-5=0$　　(4) $x^2+12x+36=0$

(5) $x^2-16x+64=0$　　(6) $2x^2-40x+200=0$

ポイント

(1) $ma+mb=m(a+b)$

(2)(3) $x^2+(a+b)x+ab=(x+a)(x+b)$

(4) $x^2+2ax+a^2=(x+a)^2$

(5)(6) $x^2-2ax+a^2=(x-a)^2$

解き方 (1) $5x^2=4x$ より，$5x^2-4x=0$

$x(5x-4)=0$

これより，$x=0$ または $5x-4=0$

よって，解は，$x=0$，$\frac{4}{5}$　　**答え** $x=0$，$\frac{4}{5}$

(2) $x^2-10x+16=0$ より，$(x-2)(x-8)=0$

これより，$x-2=0$ または $x-8=0$

よって，解は，$x=2$，8　　**答え** $x=2$，8

(3) $x^2+4x-5=0$ より，$(x+5)(x-1)=0$

これより，$x+5=0$ または $x-1=0$

よって，解は，$x=-5$，1　　**答え** $x=-5$，1

(4) $x^2+12x+36=0$ より，$(x+6)^2=0$

これより，$x+6=0$

よって，解は，$x=-6$　　**答え** $x=-6$

(5) $x^2-16x+64=0$ より，$(x-8)^2=0$

これより，$x-8=0$

よって，解は，$x=8$　　**答え** $x=8$

(6) $2x^2-40x+200=0$ より，$x^2-20x+100=0$

$(x-10)^2=0$

これより，$x-10=0$

よって，解は，$x=10$　　**答え** $x=10$

応用問題

重要

1 連続する3つの正の奇数(きすう)があり，最小の数をxとします。最大の数を2乗した数が，最小の数と中央の数を2乗した数の和よりも9小さくなるとき，3つの正の奇数を求めなさい。

解き方 中央の数，最大の数はそれぞれ$x+2$，$x+4$と表されるから，

$$(x+4)^2=x^2+(x+2)^2-9$$
$$x^2+8x+16=2x^2+4x+4-9$$
$$-x^2+4x+21=0$$
$$x^2-4x-21=0$$
$$(x+3)(x-7)=0$$

よって，$x=-3$，7

$x \geqq 1$より$x=7$だから，$x+2=9$，$x+4=11$　**答え** 7，9，11

2 横が縦より8cm長い長方形の紙があります。この紙の4すみから1辺が6cmの正方形を切り取り，折り曲げてふたのない直方体の容器を作ると，容積は504cm^{3}でした。紙の縦の長さを求めなさい。

解き方 紙の縦の長さを$x$cmとすると，

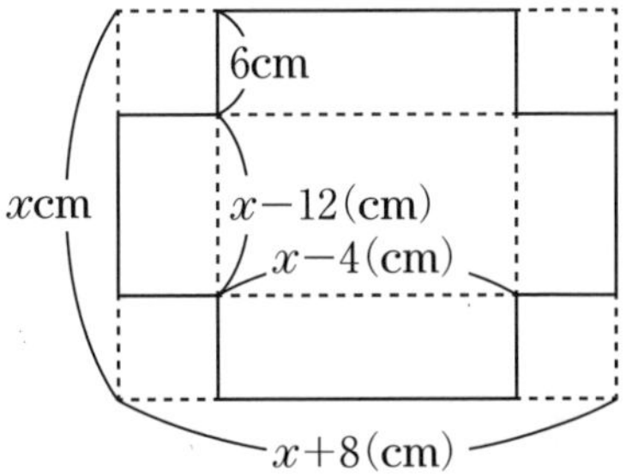

容器の底面の縦の長さは，

$x-6\times2=x-12$(cm)

横の長さは，

$x+8-6\times2=x-4$(cm)

高さは6cmだから，体積は，

$6(x-12)(x-4)=504$(cm^3)

これを整理すると，$x^2-16x+48=84$

$$x^2-16x-36=0$$
$$(x+2)(x-18)=0$$

よって，$x=-2$，18

$x>0$より$x=18$だから，縦の長さは，18cm　**答え** 18cm

発展問題

1 右の図のような，AB=12cm，AD=4cm の長方形 ABCD があります。点 P，Q が同時に点 A を出発し，点 P は秒速 3cm で AB 上を B へ向かい，点 Q は秒速 1cm で AD 上を D へ向かいます。五角形 PBCDQ の面積が 34.5cm² になるのは，点 P，Q が A を出発してから何秒後ですか。

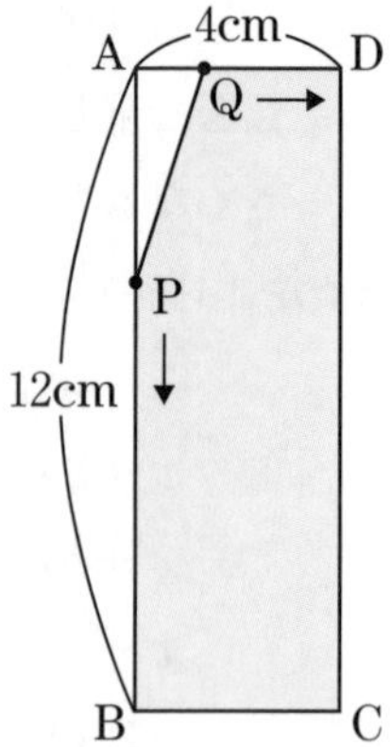

考え方 点 P，Q が A を出発してから x 秒後までに進んだ距離を，x を用いてそれぞれ表します。

解き方 (五角形 PBCDQ の面積)

=(長方形 ABCD の面積)−(△APQ の面積)

である。

長方形 ABCD の面積は，$4\times12=48(\text{cm}^2)$

点 P，Q が A を出発してから x 秒後の線分 AP，AQ の長さはそれぞれ $3x$cm，$x$cm だから，△APQ の面積は，

$$\frac{1}{2}\times3x\times x=\frac{3}{2}x^2(\text{cm}^2)$$

よって，五角形 PBCDQ の面積は，$48-\frac{3}{2}x^2(\text{cm}^2)$

$$48-\frac{3}{2}x^2=34.5 \text{ より，} 96-3x^2=69$$

$$-3x^2=-27$$

$$x^2=9$$

よって，$x=\pm3$

$x>0$ より $x=3$ だから，五角形 PBCDQ の面積が 34.5cm² になるのは，点 P，Q が A を出発してから 3 秒後である。 **答え** 3 秒後

練習問題

答え：別冊 p.17 ～ p.18

重要 **1** 次の2次方程式を解きなさい。

(1) $2x^2-12=0$　　(2) $(x+4)^2=7$

(3) $x^2-4x-1=0$　　(4) $3x^2+3x-2=0$

(5) $x^2+6x+5=0$　　(6) $3x^2=4x$

(7) $x^2-14x+49=0$　　(8) $\frac{1}{4}x^2+x+1=0$

2 右の図は，ある月のカレンダーです。この中に，けいこさんの誕生日があります。けいこさんの誕生日の1つ左にある数と，1つ下にある数との積を求めると，273になるそうです。けいこさんの誕生日をx日とおいてxの方程式をつくり，けいこさんの誕生日を求めなさい。

日	月	火	水	木	金	土
		1	2	3	4	5
6	7	8	9	10	11	12
13	14	15	16	17	18	19
20	21	22	23	24	25	26
27	28	29	30			

重要 **3** 連続する3つの整数があり，中央の数をxとします。最大の数の2乗から最小の数の2乗をひいた差が，中央の数の2乗より3大きいとき，3つの整数を求めなさい。

重要

4　正方形ABCDと長方形EFGHがあります。辺EFの長さは辺ABの長さより9cm短く，辺FGの長さは辺ABの長さより3cm長いです。長方形EFGHの面積が64cm^2のとき，正方形ABCDの1辺の長さを求めなさい。

5　nを4以上の整数とするとき，n角形の対角線の本数は，$\frac{1}{2}n(n-3)$本です。対角線の本数が44本である多角形は何角形ですか。

6　右の図のように，AB＝BC＝12cmの直角二等辺三角形ABCがあります。辺AB上に点P，辺BC上に点Qを，AP＝BQとなるようにとります。△PBQの面積が16cm^2となるとき，線分APの長さを求めなさい。

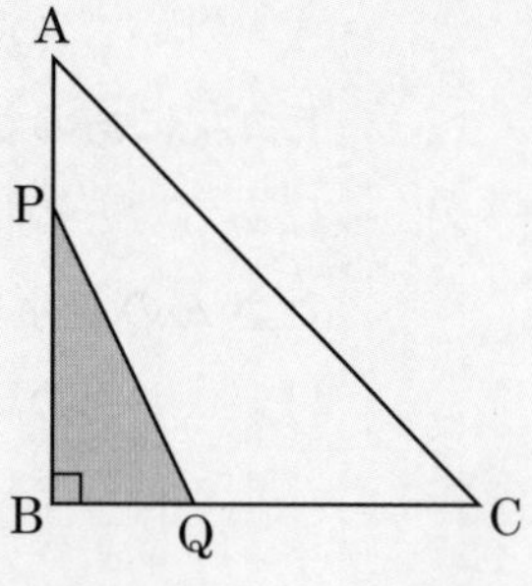

第2章

関数に関する問題

2-1 比例，反比例

1 関数

チェック!

変数…いろいろな値(あたい)をとる文字

関数…ともなって変わる2つの変数x，yがあり，xの値を決めると，それに対応してyの値がただ1つに決まるとき，**yはxの関数である**といいます。

例1　底面積が$x\text{cm}^2$の直方体の体積$y\text{cm}^3$

xの値を決めても，直方体の高さによって，yの値はただ1つに決まらないので，yはxの関数ではありません。

たとえば，直方体の高さを3cmと定めた場合は，yはxの式で

$y=3x$ ←角柱の体積＝底面積×高さ

と表され，xの値を決めると，yの値がただ1つに決まるので，yはxの関数となります。

例2　絶対値がxである数y

絶対値が3である数は3，-3の2つあり，絶対値が5である数は5，-5の2つあります。このように，xの値を決めてもyの値はただ1つに決まらないので，yはxの関数ではありません。

テスト　下の㋐～㋓の中で，yがxの関数であるものをすべて選びなさい。

㋐　面積が24cm^2の長方形の縦の長さを$x$cmとしたときの横の長さ$y$cm

㋑　高さが$x$cmの円柱の表面積$y\text{cm}^2$

㋒　正の整数xの約数の個数y個

㋓　ある日の最高気温をx℃としたときの次の日の最高気温y℃

答え　㋐，㋒

2 比例

☑ チェック!

比例…y が x の関数で，x と y の関係が $y=ax$（a は0でない定数）で表されるとき，y は x に比例するといい，a を比例定数といいます。このとき，対応する x，y について，$\frac{y}{x}$ の値は一定で，a に等しくなります。

比例のグラフ…原点を通る直線で，$a>0$ のときは右上がり，$a<0$ のときは右下がりになります。

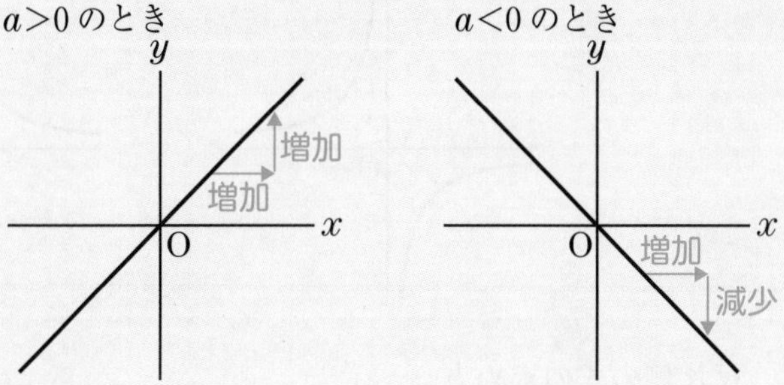

例１　比例の式の求め方

1組の x，y の値がわかれば，比例の式を求めることができます。
y が x に比例し，$x=4$ のとき $y=-12$ です。このとき，x と y の関係を表す式は，

$y=ax$ に，　　　　　　　　←求める式を $y=ax$ とおく
$x=4$，$y=-12$ を代入して，←x，y の値を代入する
$-12=a\times4$
$a=-3$　　　　　　　　　　←a の値を求める
よって，$y=-3x$　　　　　←a の値を $y=ax$ に代入する

テスト　y は x に比例し，$x=-8$ のとき $y=4$ です。このとき，比例定数を求めなさい。

答え　$-\frac{1}{2}$

3 反比例

☑チェック！

反比例…y が x の関数で，x と y の関係が $y=\frac{a}{x}$(a は0でない定数)で表されるとき，**y は x に反比例する**といい，a を**比例定数**といいます。このとき，対応する x，y について，xy の値(あたい)は一定で，a に等しくなります。

反比例のグラフ…**双曲線**(そうきょくせん)といい，なめらかな1組の曲線になります。

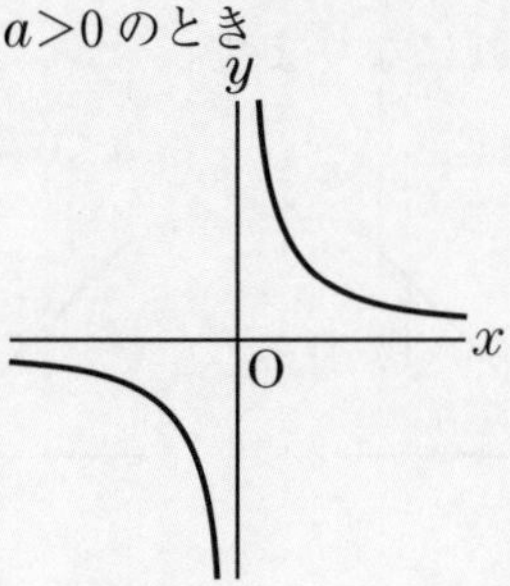

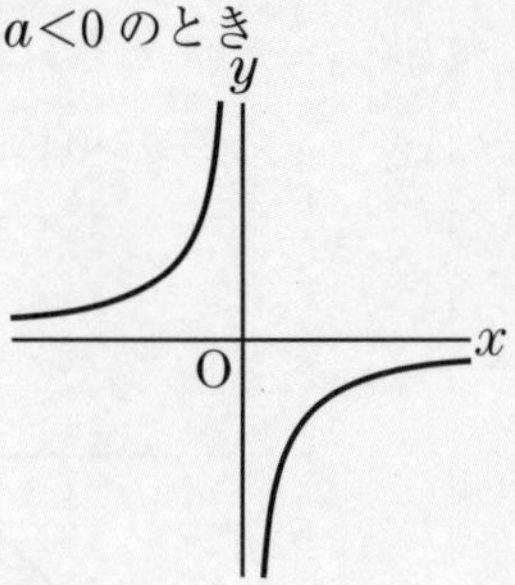

例1　反比例の式の求め方

1組の x，y の値がわかれば，反比例の式を求めることができます。

y が x に反比例し，$x=3$ のとき $y=-6$ です。このとき，x と y の関係を表す式は，

$y=\frac{a}{x}$に，　←求める式を $y=\frac{a}{x}$ とおく

$x=3$，$y=-6$ を代入して，　←x，y の値を代入する

$-6=\frac{a}{3}$

$a=-18$　←a の値を求める

よって，$y=-\frac{18}{x}$　←a の値を $y=\frac{a}{x}$ に代入する

テスト　y は x に反比例し，$x=-2$ のとき $y=-5$ です。このとき，比例定数を求めなさい。

答え　10

基本問題

重要 **1** xg の肉を 10g の皿にのせたときの全体の重さを yg とします。このとき，x と y の関係について，下の㋐～㋓の中から正しいものを 1 つ選びなさい。

㋐ y は x に比例する。

㋑ y は x に反比例する。

㋒ y は x の関数であるが，比例でも反比例でもない。

㋓ y は x の関数ではない。

解き方 x と y の関係を表す式は $y=x+10$ となり，x の値を決めると，y の値がただ 1 つに決まる。よって，y は x の関数であるが，比例でも反比例でもない。

答え ㋒

重要 **2** 比例，反比例について，次の問いに答えなさい。

(1) y は x に比例し，$x=3$ のとき $y=9$ です。$x=-2$ のときの y の値を求めなさい。

(2) y は x に反比例し，$x=6$ のとき $y=-2$ です。$x=4$ のときの y の値を求めなさい。

解き方 (1) $y=ax$ に $x=3$，$y=9$ を代入して，$9=3\times a$ より，$a=3$

よって，$y=3x$

この式に $x=-2$ を代入して，$y=3\times(-2)=-6$　**答え** -6

(2) $y=\dfrac{a}{x}$ に $x=6$，$y=-2$ を代入して，$-2=\dfrac{a}{6}$ より，

$a=-12$

よって，$y=-\dfrac{12}{x}$

この式に $x=4$ を代入して，$y=-\dfrac{12}{4}=-3$　**答え** -3

応用問題

重要

1 右の図のように，関数$y=\frac{1}{2}x$と関数$y=\frac{a}{x}$のグラフが点Aで交わっており，点Bは関数$y=\frac{a}{x}$のグラフ上の点です。また，点Aのx座標は6，点Bのx座標は2です。

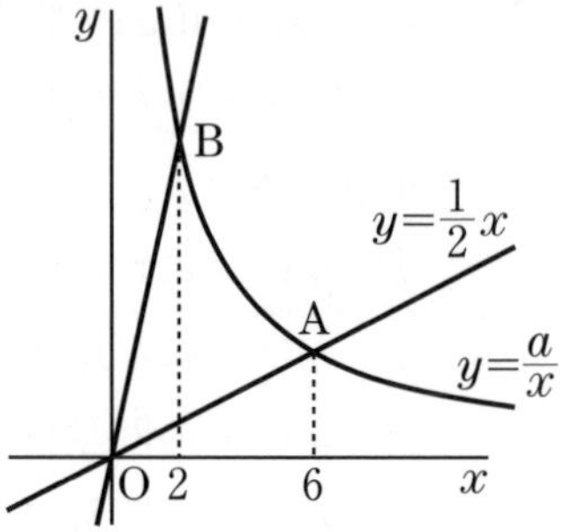

(1) aの値(あたい)を求めなさい。

(2) 原点と点Bを通る直線で表されるグラフについて，yをxの式で表しなさい。

考え方

(1)点Aの座標を求め，$y=\frac{a}{x}$に代入します。

(2)グラフは原点を通る直線なので，その式は$y=bx$と表されます。

解き方 (1) $y=\frac{1}{2}x$に$x=6$を代入して，$y=\frac{1}{2}\times 6=3$

よって，点Aの座標は(6，3)

$y=\frac{a}{x}$に$x=6$，$y=3$を代入して，$3=\frac{a}{6}$より，$a=18$

答え $a=18$

(2) $y=\frac{18}{x}$に$x=2$を代入して，$y=\frac{18}{2}=9$

よって，点Bの座標は(2，9)

求めるグラフの式は$y=bx$と表されるから，この式に$x=2$，$y=9$を代入して，$9=b\times 2$より，$b=\frac{9}{2}$

したがって，求めるグラフの式は，$y=\frac{9}{2}x$

答え $y=\frac{9}{2}x$

発展問題

1 右の図のように，2つの比例のグラフ

$y=2x$ …①

$y=ax(a<0)$ …②

があります。$t>0$ とし，①，②のグラフ上で，x 座標が t である点をそれぞれA，Bとすると，$t=3$ のとき，線分ABの長さが7になりました。$t>2$ とし，①，②のグラフ上で，x 座標が $-t+2$ である点をそれぞれC，Dとします。

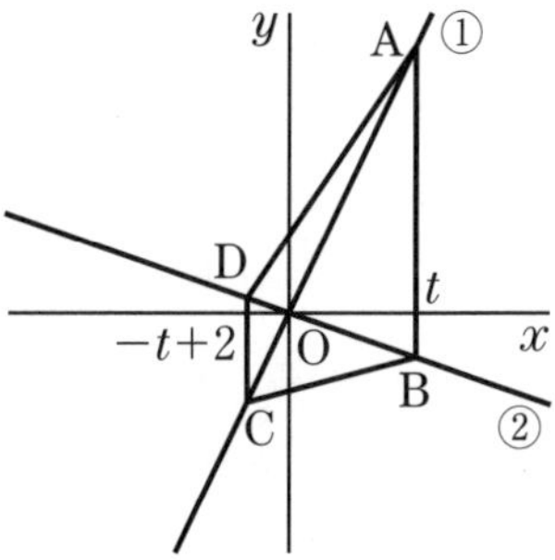

(1) a の値を求めなさい。

(2) $AB+CD=4t$ となる t の値を求めなさい。

解き方 (1) ①に $x=3$ を代入して，$y=2\times3=6$

よって，$a<0$ と，$AB=7$ より，点Bの y 座標は，$6-7=-1$

②に $x=3$，$y=-1$ を代入して，$-1=a\times3$

これを解いて，$a=-\frac{1}{3}$ 　**答え** $a=-\frac{1}{3}$

(2) (1)より，②の式は，$y=-\frac{1}{3}x$

よって，線分ABの長さは，$2t-\left(-\frac{1}{3}t\right)=\frac{7}{3}t$

$t>2$ のとき $-t+2<0$ だから，点Cの y 座標は点Dの y 座標より小さいことに注意すると，線分CDの長さは，

$$(\text{点Dの}y\text{座標})-(\text{点Cの}y\text{座標})=-\frac{1}{3}(-t+2)-2(-t+2)$$

$$=\frac{7}{3}t-\frac{14}{3}$$

$AB+CD=4t$ より，$\frac{7}{3}t+\frac{7}{3}t-\frac{14}{3}=4t$

これを解いて，$t=7$ 　**答え** $t=7$

練習問題

答え：別冊 p.19

重要 1 比例，反比例について，次の問いに答えなさい。

(1) y は x に比例し，$x=15$ のとき $y=5$ です。このとき，y を x の式で表しなさい。

(2) y は x に反比例し，$x=8$ のとき $y=-3$ です。$x=-2$ のときの y の値(あたい)を求めなさい。

2 右の図のように，周の部分にゴムのついた円盤(えんばん) A，B が互(たが)いに接しています。円盤A，Bの半径はそれぞれ 5cm，2cm で，円盤 A を x 回転させると，円盤 B はすべらずに y 回転します。次の問いに答えなさい。

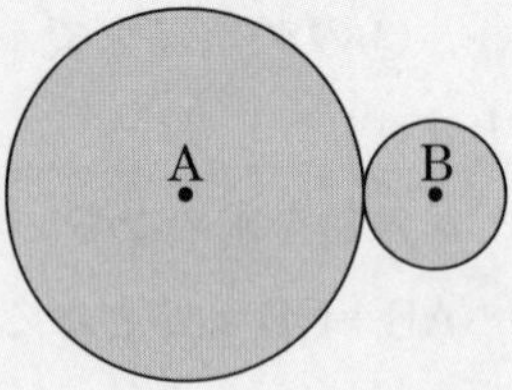

(1) y を x を用いて表しなさい。

(2) 円盤 A を 30 回転させるとき，円盤 B は何回転しますか。

3 右の図のように，関数 $y=ax$ …①，関数 $y=\dfrac{8}{x}$ …② のグラフが，y 座標が 4 である点 A で交わっています。次の問いに答えなさい。

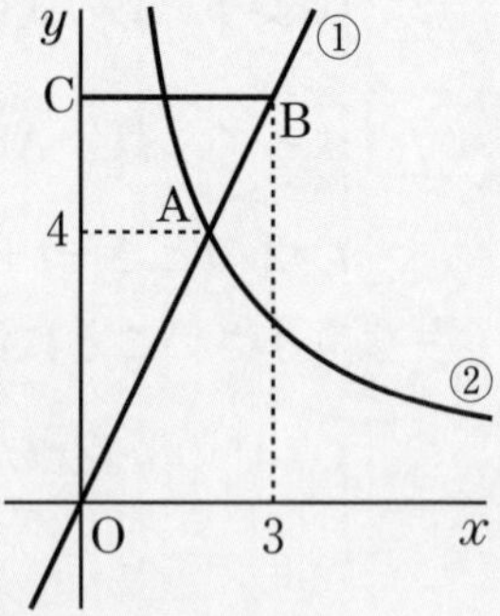

(1) a の値を求めなさい。

(2) ①のグラフ上で，x 座標が 3 である点を B，点 B を通り x 軸(じく)に平行な直線と y 軸との交点を C とするとき，△OAC の面積は何 cm^2 ですか。ただし，座標の 1 目もりを 1cm とします。

2-2 1次関数

1 1次関数の式とグラフ

☑ チェック!

1次関数…yがxの関数で，xとyの関係が$y=ax+b$（aは0でない定数，bは定数）で表されるとき，yはxの1次関数であるといいます。

変化の割合…xの増加量に対するyの増加量の割合であり，つねに一定でaに等しくなります。

$$変化の割合=\frac{y の増加量}{x の増加量}=a$$

1次関数のグラフ…関数$y=ax$のグラフに平行で，y軸（じく）上の点$(0,\ b)$を通る直線です。$a>0$のときは右上がり，$a<0$のときは右下がりになります。aをグラフの傾き（かたむ），bをグラフの切片といいます。

$a>0$のとき

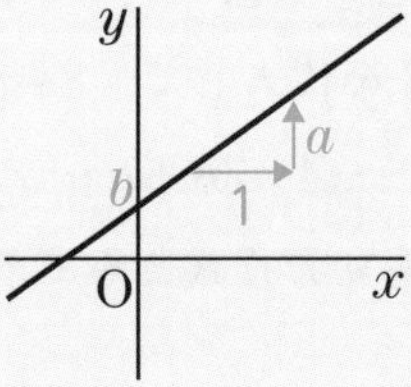

$a<0$のとき

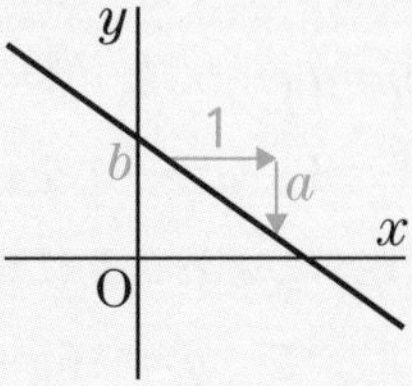

例1　1次関数$y=-4x+3$のグラフは，右の図のようになります。
（-4：傾き　3：切片）

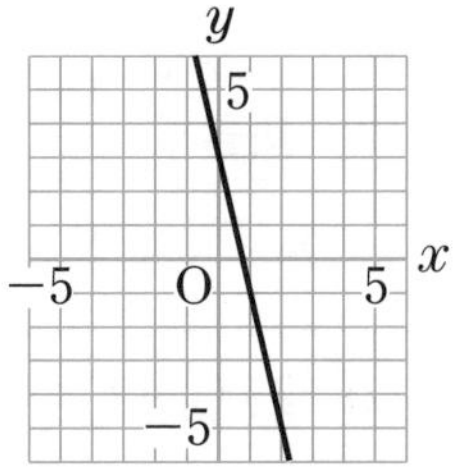

テスト　1次関数$y=\frac{1}{3}x-8$について，変化の割合を答えなさい。　答え　$\frac{1}{3}$

第2章　関数に関する問題

2 1次関数の式の求め方

チェック!

1次関数の式の求め方

①グラフの傾き（かたむ）きと1点の座標がわかっているとき

$y=ax+b$ に，傾き a と1組の x，y の値（あたい）を代入して，b の値を求めます。

②グラフが通る2点の座標がわかっているとき

$y=ax+b$ に，2組の x，y の値を代入し，a，b についての連立方程式とみて解きます。

例1　傾きが2で，点$(-1,\ 3)$を通る直線の式の求め方

$y=ax+b$ に $a=2$ を代入して，$y=2x+b$ …①

①に $x=-1$，$y=3$ を代入して，

$3=2\times(-1)+b$

$b=5$

よって，$y=2x+5$

例2　2点$(1,\ 8)$，$(3,\ -4)$を通る直線の式の求め方

$y=ax+b$ に，$x=1$，$y=8$ を代入して，$8=a+b$ …①

$x=3$，$y=-4$ を代入して，$-4=3a+b$ …②

①，②を a，b についての連立方程式とみて解くと，$a=-6$，$b=14$

よって，$y=-6x+14$

テスト　次の問いに答えなさい。

(1)　傾きが$-\dfrac{2}{3}$で，点$(9,\ 3)$を通る直線の式を求めなさい。

答え　$y=-\dfrac{2}{3}x+9$

(2)　2点$(-2,\ -5)$，$(-7,\ 10)$を通る直線の式を求めなさい。

答え　$y=-3x-11$

3　1次関数と方程式

☑チェック!

方程式とグラフ…

2元1次方程式 $ax+by=c$ …①を y について解くと $y=-\frac{a}{b}x+\frac{c}{b}$…②の1次関数の式となることから，方程式①の解を座標とする点の集まりは，1次関数②の表す直線の点全体になることがわかります。

連立方程式の解とグラフの交点…

x，y についての連立方程式の解は，それぞれの方程式のグラフの交点の x 座標，y 座標の組になります。

例1　連立方程式 $\begin{cases} x+y=3 \\ 3x-2y=4 \end{cases}$ の解は，$x=2$，$y=1$

それぞれの方程式のグラフは右のようになる。

よって，交点の座標は(2，1)となる。

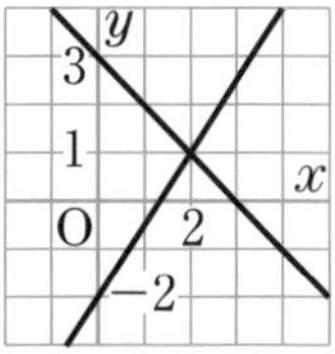

4　1次関数の利用

☑チェック!

1次関数とみなすこと

実際に得られたデータをグラフに表したとき，対応する点がほぼ一直線上に並んでいる場合，1次関数とみることがあります。

例1　下の表は，ろうそくに火をつけてからの時間と残りの長さを表したものです。

時間(分)	0	1	2	3	4	5	6	7
長さ(cm)	21	19	16	13	10	8	5	2

これをグラフに表してみると，右のようになり，対応する点がほぼ一直線上に並んでいることから，1次関数とみることができます。

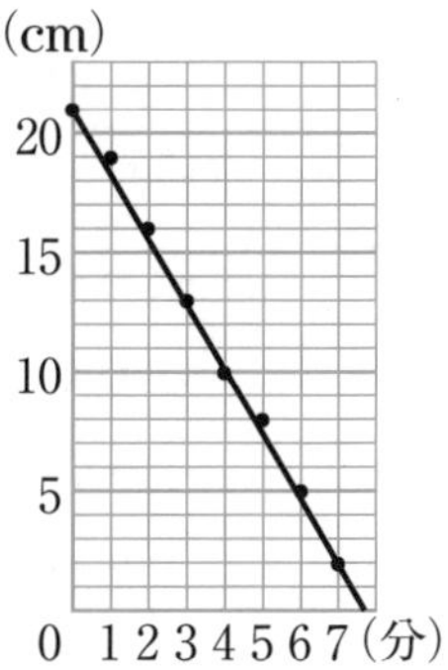

基本問題

1 1次関数$y=3x+10$について，次の問いに答えなさい。

(1) $x=-3$のときのyの値(あたい)を求めなさい。

(2) $y=22$のときのxの値を求めなさい。

ポイント (2)与えられた値を代入し，xの方程式を解きます。

解き方 (1) $y=3\times(-3)+10=1$ 答え $y=1$

(2) $22=3x+10$を解いて，$x=4$ 答え $x=4$

重要 **2** 次の問いに答えなさい。

(1) 傾(かたむ)きが$\frac{1}{2}$で，点$(4,\ -1)$を通る直線の式を求めなさい。

(2) 2点$(-1,\ -4)$，$(4,\ 6)$を通る直線の式を求めなさい。

ポイント (1) $y=ax+b$のaに傾き，x，yに点の座標を代入して，bの値を求めます。

(2) $y=ax+b$に2組のx，yの値を代入して，a，bについての連立方程式をつくります。

解き方 (1) 傾きが$\frac{1}{2}$なので，$y=\frac{1}{2}x+b$ …①

点$(4,\ -1)$を通るので，①に$x=4$，$y=-1$を代入して，

$-1=\frac{1}{2}\times4+b$より，$b=-3$

よって，求める直線の式は，$y=\frac{1}{2}x-3$ 答え $y=\frac{1}{2}x-3$

(2) 求める直線の式を$y=ax+b$とおく。

この直線は2点$(-1,\ -4)$，$(4,\ 6)$を通るので，

$$\begin{cases} -4=-a+b \\ 6=4a+b \end{cases}$$

これを解いて，$a=2$，$b=-2$

よって，求める直線の式は，$y=2x-2$ 答え $y=2x-2$

応用問題

1 1次関数 $y=-3x+7$ について，x の増加量が4のときの y の増加量を求めなさい。

ポイント 変化の割合 $=\dfrac{y\text{の増加量}}{x\text{の増加量}}$ より，
y の増加量＝変化の割合×x の増加量

解き方 1次関数 $y=-3x+7$ の変化の割合は -3
よって，x の増加量が4のときの y の増加量は，$-3\times4=-12$

答え -12

2 右の図において，直線 ℓ は $y=2x$ のグラフ，直線 m は $y=-x+7$ のグラフで，点Aで交わっています。直線 ℓ 上の点で x 座標が2である点をB，直線 m 上の点で点Bと y 座標が等しい点をCとします。

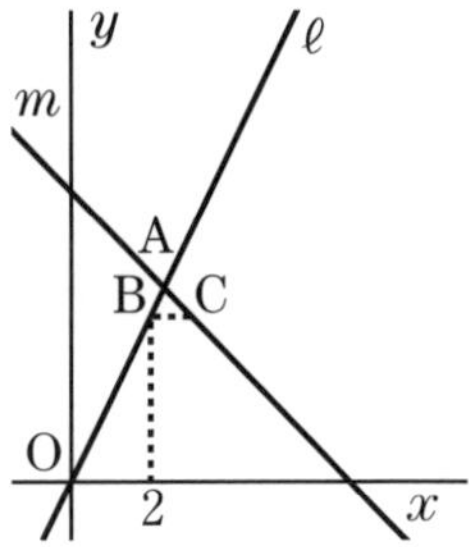

(1) 点Aの座標を求めなさい。

(2) 点Cの座標を求めなさい。

解き方 (1) 直線 ℓ，m の式を組とする連立方程式は，

$$\begin{cases} y=2x \\ y=-x+7 \end{cases}$$

これを解いて，$x=\dfrac{7}{3}$，$y=\dfrac{14}{3}$

よって，点Aの座標は $\left(\dfrac{7}{3},\ \dfrac{14}{3}\right)$ 答え $\left(\dfrac{7}{3},\ \dfrac{14}{3}\right)$

(2) $y=2x$ に $x=2$ を代入して，$y=2\times2=4$
よって，点Bの y 座標は4である。
$y=4$ を $y=-x+7$ に代入して，$4=-x+7$
これを解いて，$x=3$
よって，点Cの座標は(3，4) 答え (3，4)

発展問題

1 ある山の登山道の高度の異なる5つの地点で，同じ日の同じ時刻に気温を測り，下の表とグラフに表しました。

高度(m)	400	700	1000	1300	1600
気温(℃)	30.8	29.0	27.3	25.4	23.7

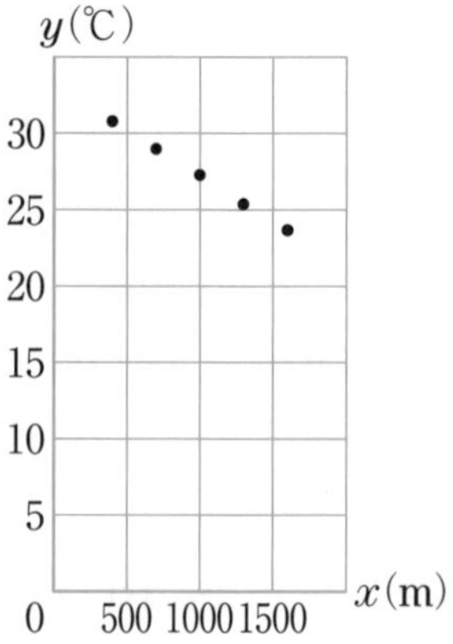

表とグラフから，気温は，高度が上がるのにともなって一定の割合で下がるとみなせます。

この山の標高(山頂の高度)は1800mです。高度400mと1300mの地点の気温から考えると，この時刻の山頂の気温は何℃と考えられますか。

考え方 気温の変化をもとに，関数の式を求めます。

解き方 グラフをかくと，原点を通らない直線のグラフになると考えられるので，yはxの1次関数といえる。

高度xmの地点の気温をy℃とするとき，$y=ax+b$と表される。

気温が一定の割合で下がると考えると，傾き(かたむ)きaはxが400から1300まで増加したときの変化の割合なので，

$a=\dfrac{25.4-30.8}{1300-400}=-0.006$

$x=400$，$y=30.8$を$y=-0.006x+b$に代入して，

$30.8=-0.006\times400+b$

$b=33.2$

よって，$y=-0.006x+33.2$

$x=1800$を代入して，

$y=-0.006\times1800+33.2=22.4$ **答え** 22.4℃

練習問題

答え：別冊 p.20 ～ p.21

重要 **1** 直線について，次の問いに答えなさい。

(1) 傾きが3で，点(2，0)を通る直線の式を求めなさい。

(2) 2点(−2，3)，(2，−1)を通る直線の式を求めなさい。

(3) 直線 $y=-4x+7$ に平行で，点(−3，10)を通る直線の式を求めなさい。

重要 **2** 右の図において，直線 ℓ は $y=\frac{1}{2}x+4$ のグラフ，直線 m は $y=ax-2$ のグラフです。直線 ℓ と m の交点をA，直線 m と x 軸（じく）との交点をBとします。点Aの x 座標が4であるとき，次の問いに答えなさい。

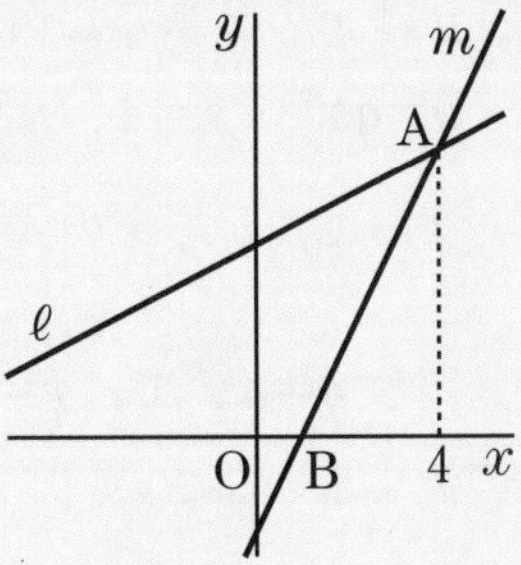

(1) a の値（あたい）を求めなさい。

(2) 点Bの座標を求めなさい。

3 あいこさんの学校で，卒業生70人を招待して，パーティーをすることになりました。3つの会場に問い合わせたところ，費用について次のように返事がありました。

A会場	100人まで，定額100000円
B会場	会場代20000円，飲食代1人1000円
C会場	飲食代のみ，1人2000円

費用の合計がもっとも安くなるのは，どの会場ですか。また，そのときの費用の合計は何円ですか。

2-3 関数 $y=ax^2$

1 関数 $y=ax^2$

チェック！

関数 $y=ax^2$ … x と y の関係が $y=ax^2$（a は 0 でない定数）と表されるとき，**y は x の 2 乗に比例する**といい，a を**比例定数**といいます。

例 1　y は x の 2 乗に比例し，$x=4$ のとき $y=8$ であるとき，
$y=ax^2$ に $x=4$，$y=8$ を代入して，$8=a\times4^2$ より，$a=\frac{1}{2}$
よって，y を x の式で表すと，$y=\frac{1}{2}x^2$ となります。

テスト　関数 $y=ax^2$ で，$x=-3$ のとき $y=18$ です。このとき，比例定数 a の値（あたい）を求めなさい。

答え　$a=2$

2 関数 $y=ax^2$ のグラフ

チェック！

関数 $y=ax^2$ のグラフ…

① グラフは原点を通り，y 軸（じく）について対称（たいしょう）な**放物線**であり，頂点は原点です。

② $a>0$ のとき，グラフは上に開いた放物線で，a の値が大きくなるほど，グラフの開き方は小さくなります。

③ $a<0$ のとき，グラフは下に開いた放物線で，a の値が小さくなるほど，グラフの開き方は小さくなります。

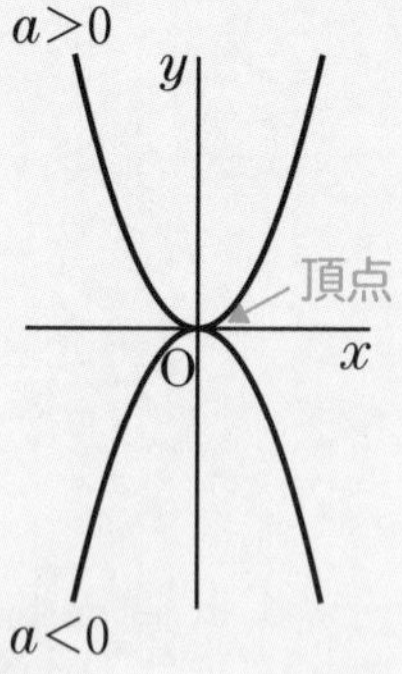

3 関数 $y=ax^2$ の値の変化

チェック!

値の増減の特徴…

① $a>0$ のとき，y は $x=0$ のとき最小値 0 となり，x の値が増加するとき，

$x<0$ の範囲(はんい)では，y の値は減少します。

$x>0$ の範囲では，y の値は増加します。

② $a<0$ のとき，y は $x=0$ のとき最大値 0 となり，x の値が増加するとき，

$x<0$ の範囲では，y の値は増加します。

$x>0$ の範囲では，y の値は減少します。

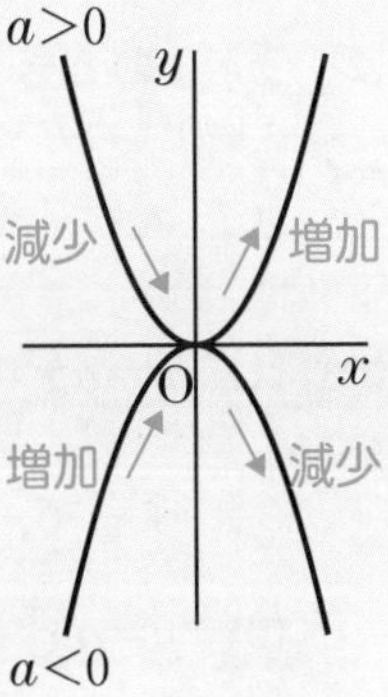

変域の求め方…与えられた x の変域内でグラフをかき，最大値・最小値を考えることにより求められます。

例 1　関数 $y=x^2$ について，x の変域が $-1\leqq x\leqq 2$ のときのグラフは，右の図のようになります。よって，このときの y の変域は $0\leqq y\leqq 4$ となります。

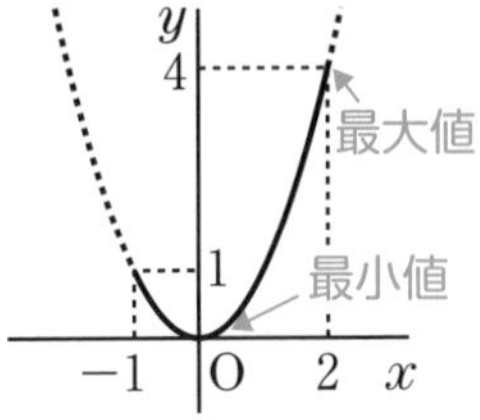

チェック!

変化の割合の特徴…関数 $y=ax^2$ の変化の割合も，他の関数と同じように $\dfrac{y\text{ の増加量}}{x\text{ の増加量}}$ で求められますが，比例や 1 次関数のように一定ではありません。

例 1　関数 $y=3x^2$ について，x の値が 1 から 3 まで増加するときの変化の割合は，$\dfrac{3\times3^2-3\times1^2}{3-1}=\dfrac{24}{2}=12$ ですが，x の値が 3 から 5 まで増加するときの変化の割合は，$\dfrac{3\times5^2-3\times3^2}{5-3}=\dfrac{48}{2}=24$ となります。

基本問題

重要 **1** y が x の2乗に比例するとき，次の問いに答えなさい。

(1) $x=4$ のとき $y=12$ であるとき，y を x の式で表しなさい。

(2) $x=3$ のとき $y=-9$ であるとき，y を x の式で表しなさい。

ポイント y が x の2乗に比例するとき，$y=ax^2$

解き方 (1) $y=ax^2$ に $x=4$，$y=12$ を代入して，$12=a\times4^2$ より，$a=\frac{3}{4}$

よって，$y=\frac{3}{4}x^2$ 答え $y=\frac{3}{4}x^2$

(2) $y=ax^2$ に $x=3$，$y=-9$ を代入して，$-9=a\times3^2$ より，$a=-1$

よって，$y=-x^2$ 答え $y=-x^2$

2 右の図の①～④の放物線は，下の㋐～㋓の関数をそれぞれグラフに表したものです。

㋐ $y=-3x^2$ ㋑ $y=x^2$

㋒ $y=3x^2$ ㋓ $y=-\frac{1}{3}x^2$

①～④はそれぞれ，どの関数のグラフですか。㋐～㋓の中から選びなさい。

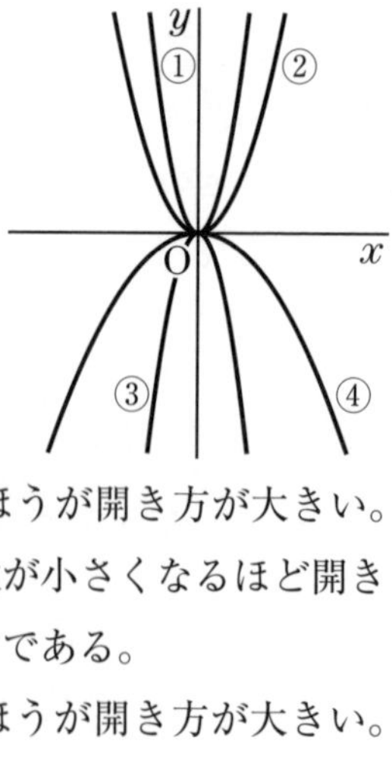

解き方 ①，②は上に開いた放物線で，①より②のほうが開き方が大きい。上に開いた放物線は比例定数が正で，比例定数が小さくなるほど開き方は大きくなるので，①は㋒，②は㋑のグラフである。

③，④は下に開いた放物線で，③より④のほうが開き方が大きい。下に開いた放物線は比例定数が負で，比例定数の絶対値が小さくなるほど開き方は大きくなるので，③は㋐，④は㋓のグラフである。

答え ①…㋒ ②…㋑ ③…㋐ ④…㋓

3 次の問いに答えなさい。

(1) 関数$y=\frac{1}{2}x^2$について，xの変域が$-4\leqq x\leqq 1$のときのyの変域を求めなさい。

(2) 関数$y=-x^2$について，xの変域が$-2\leqq x\leqq 3$のときのyの変域を求めなさい。

解き方 (1) 関数$y=\frac{1}{2}x^2(-4\leqq x\leqq 1)$のグラフは右の図のようになり，$y$は$x=-4$のときに最大値8，$x=0$のときに最小値0となるから，$y$の変域は，$0\leqq y\leqq 8$である。

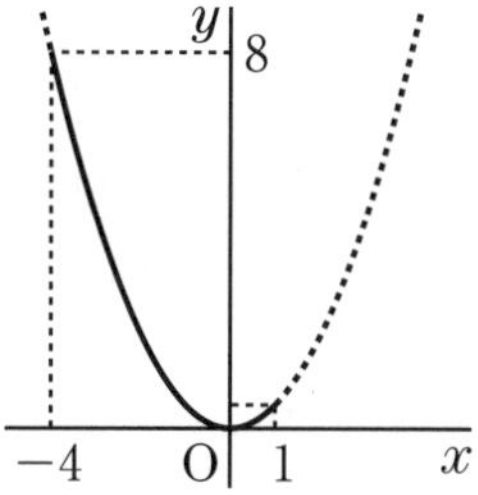

答え $0\leqq y\leqq 8$

(2) 関数$y=-x^2(-2\leqq x\leqq 3)$のグラフは右の図のようになり，yは$x=0$のときに最大値0，$x=3$のときに最小値-9となるから，yの変域は，$-9\leqq y\leqq 0$である。

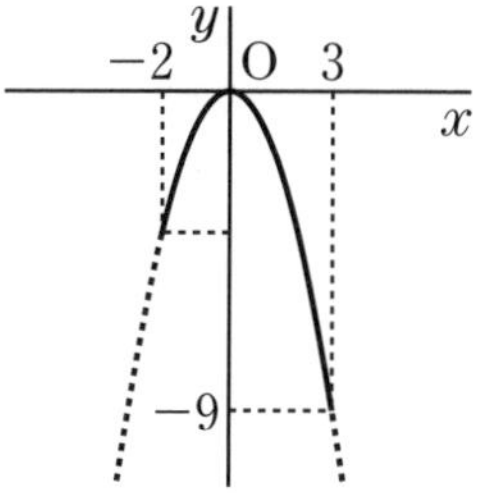

答え $-9\leqq y\leqq 0$

4 関数$y=2x^2$について，次の問いに答えなさい。

(1) xが3から5まで増加するときの変化の割合を求めなさい。

(2) xが-3から0まで増加するときの変化の割合を求めなさい。

解き方 (1) xの増加量は，$5-3=2$

yの増加量は，$2\times 5^2-2\times 3^2=50-18=32$

よって，変化の割合$=\dfrac{y\text{の増加量}}{x\text{の増加量}}=\dfrac{32}{2}=16$ **答え** 16

(2) xの増加量は，$0-(-3)=3$

yの増加量は，$2\times 0^2-2\times(-3)^2=-18$

よって，変化の割合$=\dfrac{y\text{の増加量}}{x\text{の増加量}}=\dfrac{-18}{3}=-6$ **答え** -6

応用問題

重要 **1** 右の図のように，関数 $y=ax^2$ のグラフ上に点 A(4，8)があります。

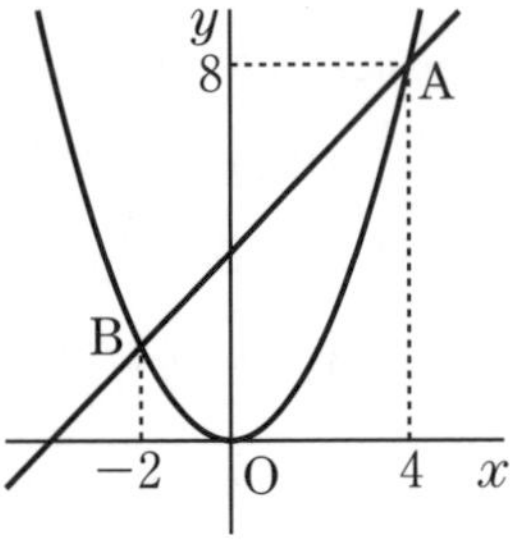

(1) a の値(あたい)を求めなさい。

(2) このグラフ上に，x 座標が-2の点 B をとるとき，直線 AB の式を求めなさい。

(3) 関数 $y=ax^2$ について，x の変域が$-3 \leqq x \leqq 2$ のときの y の変域を求めなさい。

考え方 (2)点 B の y 座標を求め，通る 2 点の座標から直線の式を求めます。

解き方 (1) $y=ax^2$ に $x=4$，$y=8$ を代入して，$8=a\times 4^2$

これを解いて，$a=\frac{1}{2}$ 　　**答え** $a=\frac{1}{2}$

(2) (1)より，与えられた関数は，$y=\frac{1}{2}x^2$ である。

これに $x=-2$ を代入して，$y=\frac{1}{2}\times(-2)^2=2$

よって，B の座標は(−2，2)

直線 AB の式を $y=mx+n$ とおく。この直線は 2 点 A(4，8)，B(−2，2)を通るので，

$$\begin{cases} 8=4m+n \\ 2=-2m+n \end{cases}$$

これを解いて，$m=1$，$n=4$

よって，直線 AB の式は，$y=x+4$ 　　**答え** $y=x+4$

(3) 関数 $y=\frac{1}{2}x^2$ は，$-3 \leqq x \leqq 2$ のとき，$x=-3$ で最大値$\frac{9}{2}$，$x=0$ で最小値 0 となるから，y の変域は，$0 \leqq y \leqq \frac{9}{2}$である。

答え $0 \leqq y \leqq \frac{9}{2}$

重要 **2** 斜面(しゃめん)でおもちゃの車を転がすとき，車を転がし始めてから x 秒後までに車が進む距離(きょり)を $y$cm とすると，y は x の2乗に比例します。$x=2$ のとき $y=16$ でした。斜面は十分に長く，$x \geqq 0$ とします。

(1) y を x の式で表しなさい。

(2) $y=100$ のときの x の値を求めなさい。

(3) 車を転がし始めて3秒後から6秒後までの間に，車が進む距離を求めなさい。

(4) 車を転がし始めて3秒後から6秒後までの車の平均の速さは，秒速何cmですか。

考え方
(3) $x=6$ のときの y の値から，$x=3$ のときの y の値をひきます。
(4) 平均の速さ $=\dfrac{\text{距離}}{\text{時間}}=\dfrac{y\text{の増加量}}{x\text{の増加量}}=$ 変化の割合です。

解き方 (1) y は x の2乗に比例するので，$y=ax^2$ とおく。
$x=2$，$y=16$ を代入して，$16=a\times2^2$ より，$a=4$
よって，$y=4x^2$ …①　**答え** $y=4x^2$

(2) ①に $y=100$ を代入して，$100=4x^2$ より，$x=\pm5$
$x \geqq 0$ より，$x=5$　**答え** $x=5$

(3) 車を転がし始めて3秒間で進む距離は，①に $x=3$ を代入して，
$y=4\times3^2=36$(cm)
同じように，6秒間で進む距離は，①に $x=6$ を代入して，
$y=4\times6^2=144$(cm)
よって，3秒後から6秒後までに車が進む距離は，
$144-36=108$(cm)　**答え** 108cm

(4) x が3から6まで増加するとき，x の増加量は $6-3=3$，
y の増加量は(3)より108なので，
平均の速さ $=\dfrac{\text{距離}}{\text{時間}}=\dfrac{y\text{の増加量}}{x\text{の増加量}}=\dfrac{108}{3}=36$(cm/s)
答え 秒速36cm

発展問題

1 右の図のように，1辺が6cmの正方形ABCDの周上を，点Pは毎秒2cmの速さでA→B→Cの順に，点Qは毎秒1cmの速さでA→D→Cの順に進みます。2点P，Qが点Aを同時に出発してからx秒後の△APQの面積を$y$cm^{2}とします。ただし，$0 \leqq x \leqq 12$とし，点Pは点Cに着くとそこから動かないものとします。

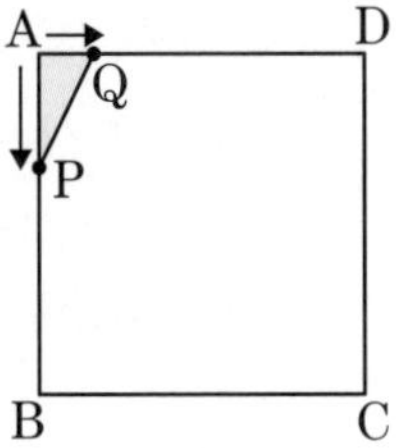

(1) xとyの関係をグラフに表しなさい。

(2) $y=6$となるときのxの値を求めなさい。

解き方 (1) 点Pが点Bに着くのは3秒後，点Cに着くのは6秒後である。

［1］$0 \leqq x \leqq 3$のとき　［2］$3 < x \leqq 6$のとき　［3］$6 < x \leqq 12$のとき

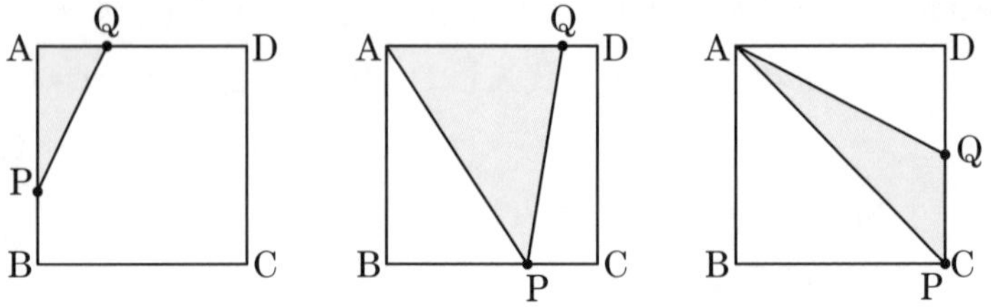

［1］$y=\frac{1}{2} \times 2x \times x = x^2$

［2］$y=\frac{1}{2} \times x \times 6 = 3x$

［3］$y=\frac{1}{2} \times (12-x) \times 6$

$= -3x+36$

答え

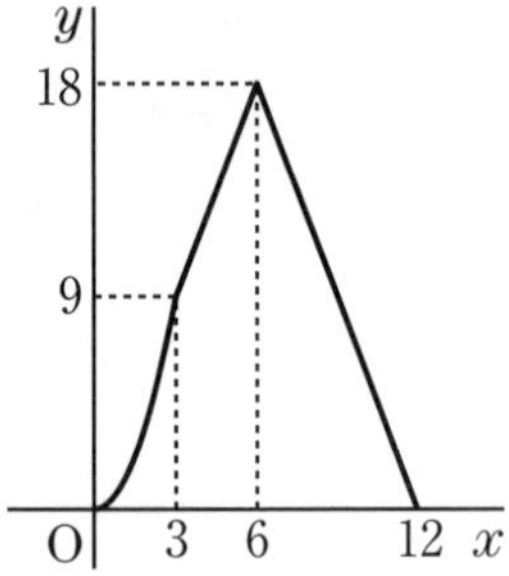

(2) (1)のグラフより，$y=6$となるのは［1］，［3］のときである。

［1］のとき，$x^2=6$

$0 < x \leqq 3$より，$x=\sqrt{6}$

［3］のとき，$-3x+36=6$より，$x=10$

よって，$x=\sqrt{6}$，10　　　**答え** $x=\sqrt{6}$，10

練習問題

答え：別冊 p.21 ～ p.23

重要

1 関数について，次の問いに答えなさい。

(1) y は x の 2 乗に比例し，$x=5$ のとき $y=15$ です。このとき，y を x の式で表しなさい。

(2) y は x の 2 乗に比例し，$x=6$ のとき $y=-18$ です。$x=-4$ のときの y の値を求めなさい。

2 関数について，次の問いに答えなさい。

(1) 関数 $y=\frac{1}{4}x^2$ について，x の変域が $-8 \leqq x \leqq 4$ のときの y の変域を求めなさい。

(2) y は x の 2 乗に比例し，x の値が 1 から 5 まで増加するときの変化の割合が -2 です。このとき，y を x の式で表しなさい。

3 時速 $x$km で走っている自動車が，急ブレーキをかけて停止するときの制動距離（せいどうきょり）（ブレーキがきき始めてから車が停止するまでに進む距離）ym について，y は x の 2 乗に比例することが知られています。時速 40km で走っている自動車の制動距離が 9m であるとき，次の問いに答えなさい。

(1) y を x の式で表しなさい。

(2) 時速 60km で走っている自動車の制動距離は，何 m ですか。答えは，小数第 1 位を四捨五入して求めなさい。

(3) 制動距離が 36m となるときの，自動車の速さは時速何 km ですか。

4 右の図の①～④の放物線は，下の㋐～㋓の関数をそれぞれグラフに表したものです。

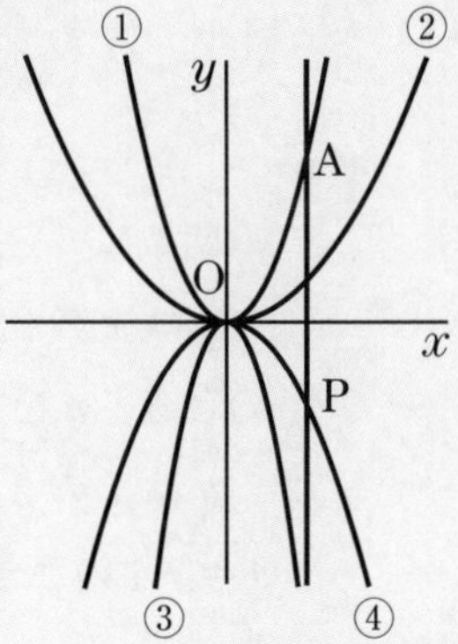

㋐ $y=-2x^2$ ㋑ $y=x^2$

㋒ $y=-\frac{1}{2}x^2$ ㋓ $y=\frac{1}{4}x^2$

次の問いに答えなさい。

(1) ①～④はそれぞれどの関数のグラフですか。㋐～㋓の中から選びなさい。

(2) 図のように，①のグラフ上に点Aをとります。点Aを通り，x軸(じく)に垂直な直線と④のグラフの交点をPとします。点Aのy座標が4であるとき，点Pの座標を求めなさい。ただし，点Aのx座標は正とします。

5 右の図のように，関数 $y=ax^2$ …①，$y=bx^2$ …②のグラフがあります。点A(4，4)は①上の点で，点Bは，点Aを通りx軸に垂直な直線と②との交点です。点B，Aとy軸について対称(たいしょう)な点をそれぞれC，Dとすると，四角形ABCDは正方形になりました。次の問いに答えなさい。ただし，$a<b$とします。

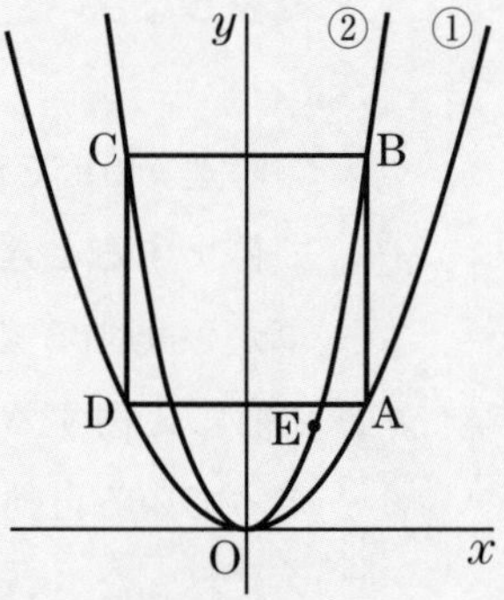

(1) a，bの値(あたい)をそれぞれ求めなさい。

(2) 点E(2，3)を通り，正方形ABCDの面積を2等分する直線の式を求めなさい。

第3章 図形に関する問題

3-1 移動，作図，おうぎ形

1 図形の移動

☑ チェック！

平行移動

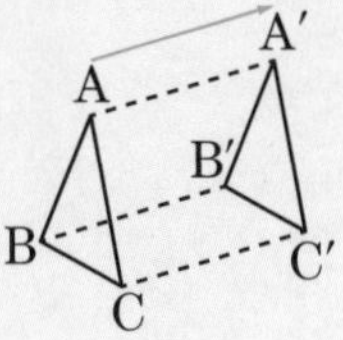

・AA′，BB′，CC′ は平行

・AA′＝BB′＝CC′

回転移動

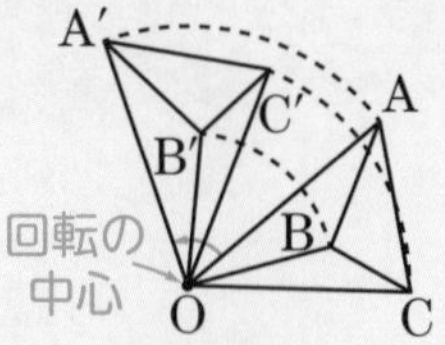

・OA＝OA′，OB＝OB′，OC＝OC′

・∠AOA′＝∠BOB′＝∠COC′

対称（たいしょう）移動

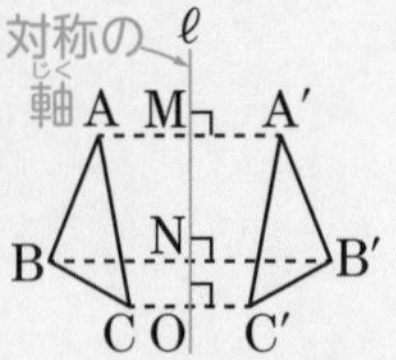

・AA′，BB′，CC′ はすべて ℓ に垂直

・AM＝A′M，BN＝B′N，CO＝C′O

2 基本の作図

☑ チェック！

作図…定規とコンパスだけを用いて図をかくことを作図といいます。定規は長さを測ることには使わず，直線をひくことだけに使います。

例 1　線分の垂直二等分線の作図

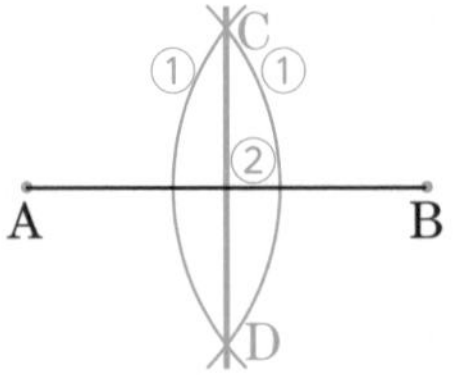

①　線分の両端（りょうたん）の点 A，B を中心として等しい半径の円をかき，その交点を C，D とする。

②　直線 CD をひく。

線分 AB の垂直二等分線上のすべての点は，2 点 A，B からの距離（きょり）が等しくなります。

例２　角の二等分線の作図

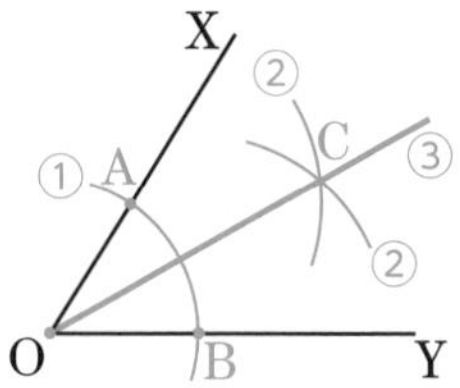

①　点Ｏを中心とする円をかき，角の辺 OX，OY との交点をそれぞれ A，B とする。

②　点 A，B を中心として等しい半径の円をかき，その交点を C とする。

③　半直線 OC をひく。

∠XOY の二等分線上のすべての点は，２辺 OX，OY からの距離が等しくなります。

例３　直線上にない１点を通る垂線の作図

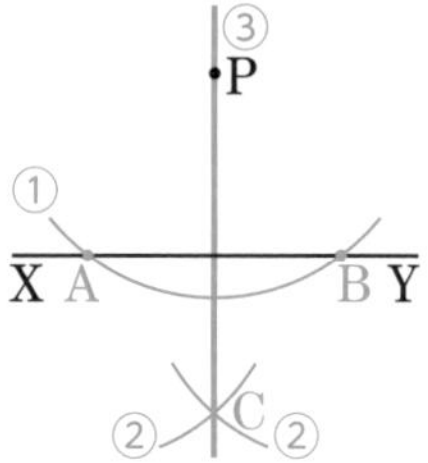

①　点 P を中心とする円をかき，直線 XY との交点を A，B とする。

②　点 A，B を中心として等しい半径の円をかき，その交点を C とする。

③　直線 PC をひく。

点 P が直線 XY 上にあるときも同じように作図できます。

3 円とおうぎ形

チェック！

π …円周率 3.14159 …を表す文字

円の周の長さ　$\ell=2\pi r$（ℓ：周の長さ，r：半径）

円の面積　$S=\pi r^2$（S：面積，r：半径）

おうぎ形の弧(こ)の長さ　$\ell=2\pi r\times\dfrac{a}{360}$（$\ell$：弧の長さ，$r$：半径，$a$：中心角）

おうぎ形の面積　$S=\pi r^2\times\dfrac{a}{360}$（$S$：面積，$r$：半径，$a$：中心角）

例１　半径 6cm，中心角 120° のおうぎ形の弧の長さ ℓ と面積 S

$$\ell=2\pi\times6\times\frac{120}{360}=12\pi\times\frac{1}{3}=4\pi(\text{cm})$$

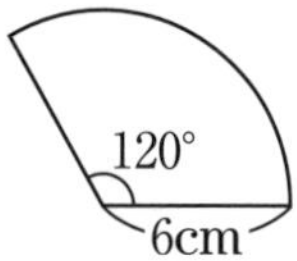

$$S=\pi\times6^2\times\frac{120}{360}=36\pi\times\frac{1}{3}=12\pi(\text{cm}^2)$$

第３章　図形に関する問題

基本問題

1 右の図のように，正方形ABCDを2本の対角線とその交点Oを通る2本の線分で区切り，8個の合同な直角三角形㋐～㋗をつくります。次の移動を1回だけ用いて，㋐を重ね合わせることができる直角三角形を，㋑～㋗の中からすべて選びなさい。

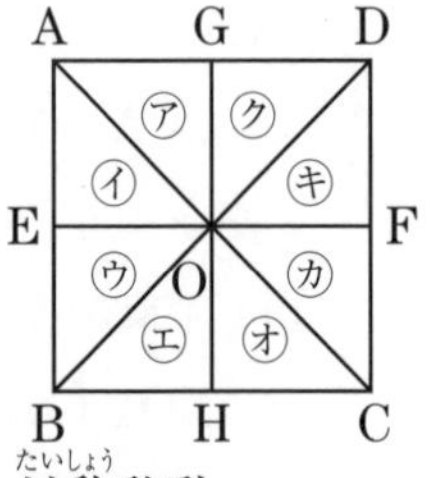

(1) 平行移動　(2) 点Oを中心とする回転移動　(3) 対称(たいしょう)移動

解き方 (1) 向きが同じもののみ重ね合わせることができるので，㋕となる。

答え ㋕

(2) 反時計回りに回転移動すると，90°ごとに㋒，㋔，㋖と重なる。

答え ㋒，㋔，㋖

(3) 対称の軸(じく)を線分ACとすると㋑，線分EFとすると㋓，線分BDとすると㋕，線分GHとすると㋗と，それぞれ重ね合わせることができる。

答え ㋑，㋓，㋕，㋗

重要
2 右の図で，3点A，B，Cからの距離(きょり)が等しい点Pを作図しなさい。

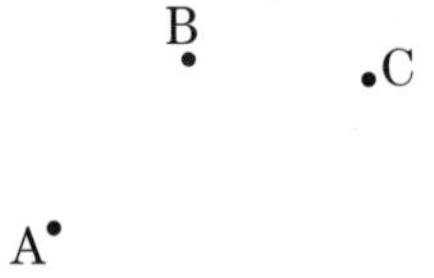

ポイント
2点A，Bからの距離が等しい点は，線分ABの垂直二等分線上にあります。

解き方 ① 点A，Bを中心として等しい半径の円をかき，その交点をD，Eとする。

② 直線DEをひく。

③ 点B，Cを中心として等しい半径の円をかき，その交点をF，Gとする。

④ 直線FGをひくと，直線DEとの交点がPである。

答え

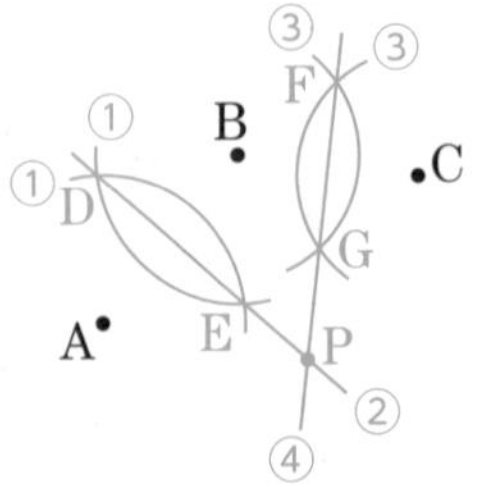

応用問題

1 右の図で，点Pで直線ℓに接し，点Qを通る円の中心Oを作図しなさい。

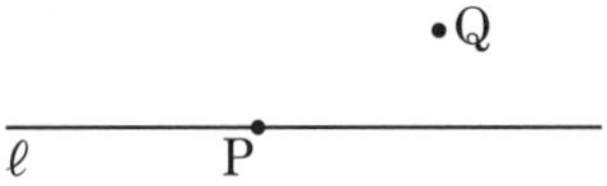

ポイント 円の接線は，接点を通る半径と垂直に交わります。
円の中心は，円周上のすべての点からの距離が等しいです。

解き方 ① 点Pを中心とする円をかき，直線ℓとの交点をA，Bとする。

② 点A，Bを中心として等しい半径の円をかき，その交点をCとする。

③ 直線PCをひく。

④ 点P，Qを中心として等しい半径の円をかき，その交点をD，Eとする。

⑤ 直線DEをひくと，直線PCとの交点がOである。 **答え**

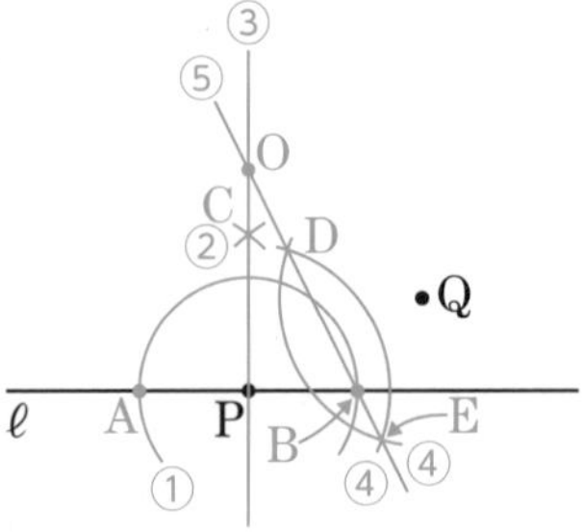

重要

2 右の図は，半径10cm，弧(こ)の長さ8πcmのおうぎ形です。中心角∠AOBの大きさとおうぎ形の面積を求めなさい。ただし，円周率はπとします。

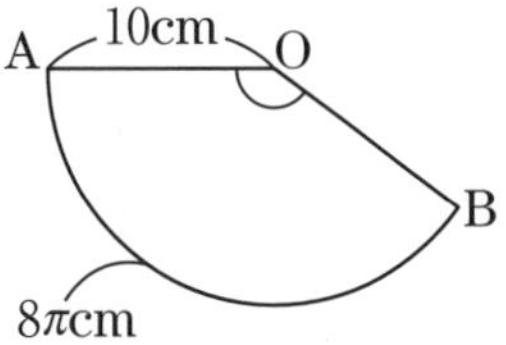

ポイント 弧の長さ $\ell=2\pi r\times\frac{a}{360}$　面積 $S=\pi r^2\times\frac{a}{360}$

解き方 中心角の大きさをa°とすると，

$8\pi=2\pi\times10\times\frac{a}{360}$ より，$a=144$

$S=\pi\times10^2\times\frac{144}{360}=40\pi(\text{cm}^2)$

答え 中心角… 144°　面積… 40πcm^2

発展問題

1 右の図のように，△ABC と，それをある点 O を中心として時計回りに 135° 回転移動した△A′B′C′ があります。

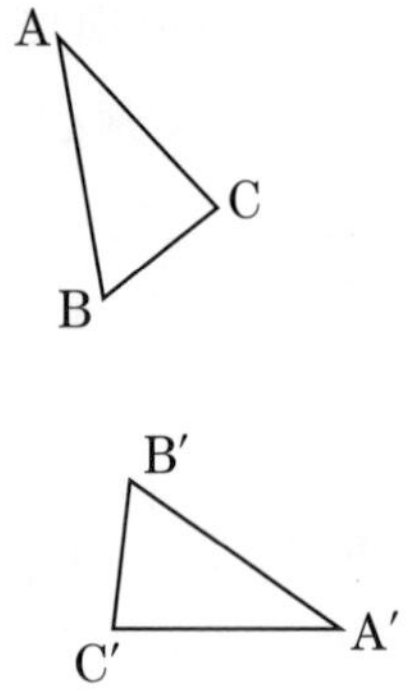

(1) 点 O を作図しなさい。

(2) 線分 OA の長さが 3cm のとき，点 A が移動してできる線の長さは何 cm ですか。ただし，円周率は π とします。

ポイント 回転移動で，回転の中心は，対応する 2 点から等しい距離(きょり)にあります。

解き方 (1) ① 点 A，A′ を中心として等しい半径の円をかき，その交点を D，E とする。

② 直線 DE をひく。

③ 点 B，B′ を中心として等しい半径の円をかき，その交点を F，G とする。

④ 直線 FG をひくと，直線 DE との交点が O である。 **答え**

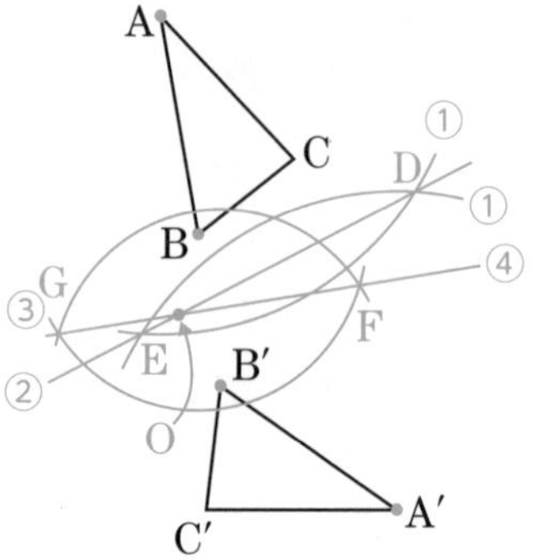

(2) 点 A が移動してできる線は，中心 O，半径 3cm，中心角 135° のおうぎ形の弧(こ)だから，求める長さは，

$2\pi\times3\times\frac{135}{360}=\frac{9}{4}\pi$(cm) **答え** $\frac{9}{4}\pi$cm

練習問題

答え：別冊 p.24 ～ p.25

重要

1 右の図は，七宝つなぎとよばれる日本の伝統模様の一部で，等しい半径の円およびおうぎ形の弧を組み合わせたものです。次の問いに答えなさい。

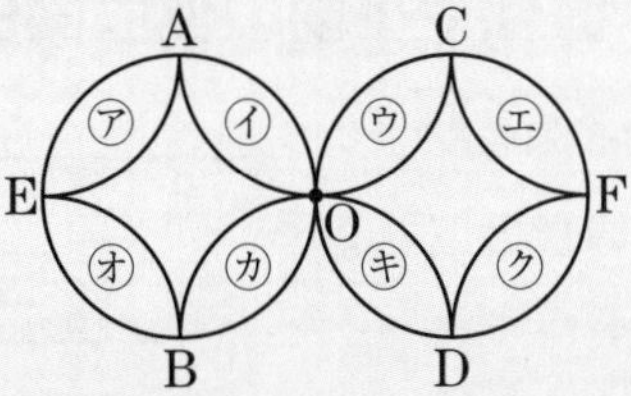

(1) 平行移動を1回だけ行って，㋐を重ね合わせることのできる図形を，㋑～㋗の中からすべて選びなさい。

(2) ㋐を，直線ABに関して対称移動したのち，点Oを中心として時計回りに90°回転移動し，さらに直線EFに関して対称移動すると，㋐～㋗のどの図形に重なりますか。

2 右の図のように，線分ABがあります。∠PAB=75°となる線分APを作図しなさい。

3 右の図のように，半径12cm，中心角180°のおうぎ形OABの中に，半径6cm，中心角180°のおうぎ形OCDと，正三角形OAPをかきます。$\overset{\frown}{CD}$と線分OPの交点をQとするとき，次の問いに答えなさい。ただし，円周率はπとします。

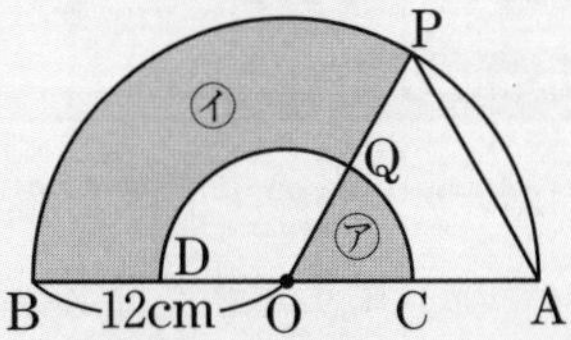

(1) $\overset{\frown}{CQ}$の長さを求めなさい。

(2) 色を塗った部分について，㋑の面積は，㋐の面積より何cm^2大きいですか。

3-2 空間図形

1 直線や平面の位置関係

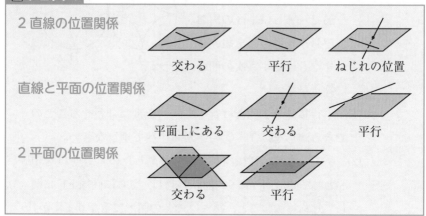

☑チェック!

2直線の位置関係

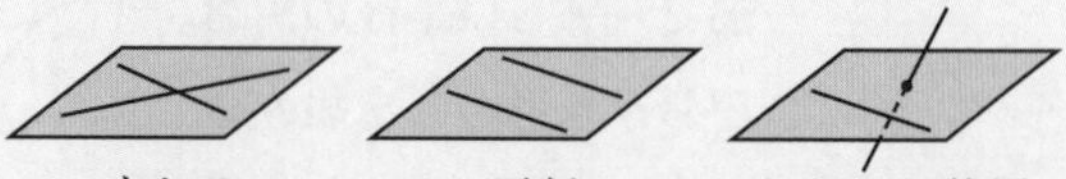

交わる　　平行　　ねじれの位置

直線と平面の位置関係

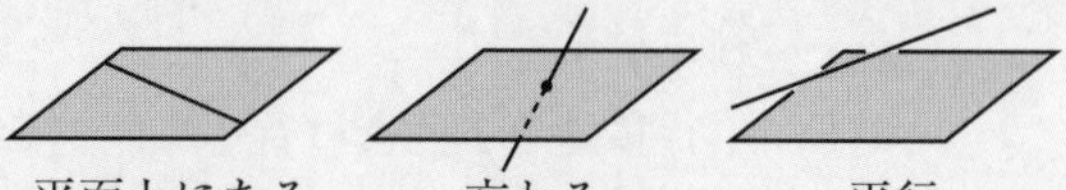

平面上にある　　交わる　　平行

2平面の位置関係

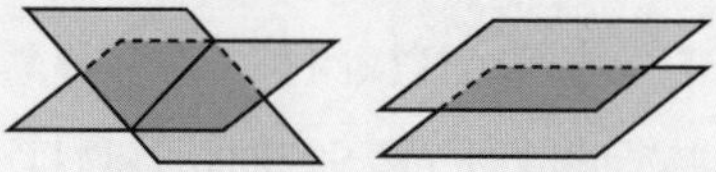

交わる　　平行

例1　右の図の直方体で，直線BFと平行な平面は，平面DHGC，平面AEHDです。

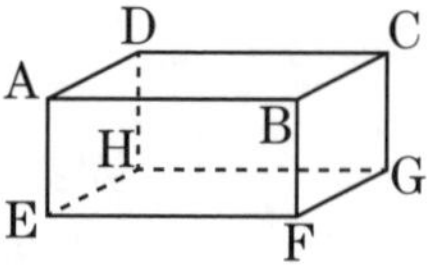

2 立体の見方

☑チェック!

回転体…1つの平面図形を，その平面上の直線ℓのまわりに1回転させてできる立体

例1

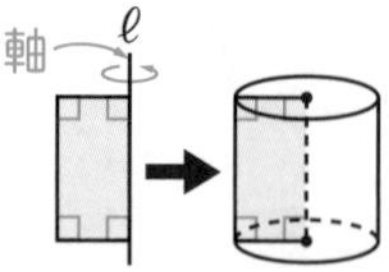

例2

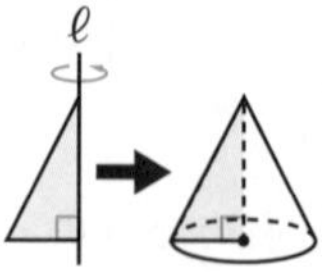

例3

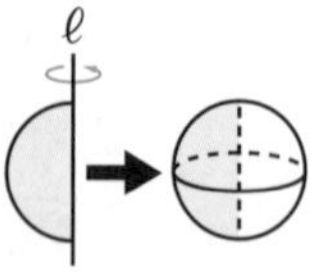

テスト 半円を，その直径を含(ふく)む直線を軸(じく)として1回転させてできる立体の名前を書きなさい。

答え 球

☑チェック!

立面図…立体を真正面から見た図

平面図…立体を真上から見た図

投影図（とうえいず）…立面図と平面図を使って表した図

例 1　円柱の投影図

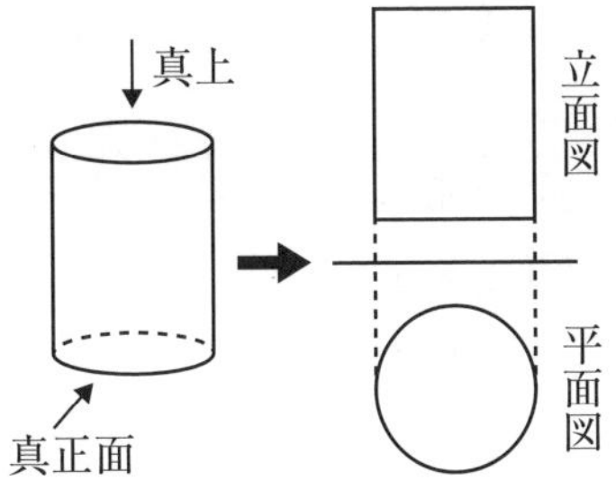

例 2　四角錐（しかくすい）の投影図

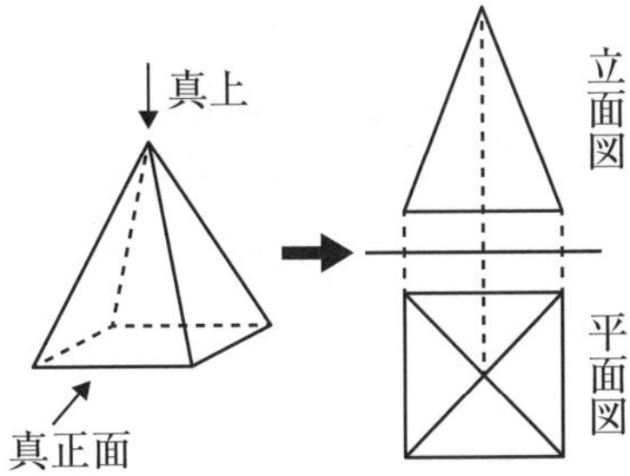

3 立体の表面積と体積

☑チェック!

立体の表面積

角柱・円柱の表面積　$S=$(側面積)＋(底面積)×2 (S：表面積)

角錐・円錐の表面積　$S=$(側面積)＋(底面積) (S：表面積)

球の表面積　$S=4\pi r^2$ (S：表面積，r：半径)

立体の体積

角柱・円柱の体積　$V=Sh$　(V：体積，S：底面積，h：高さ)

角錐・円錐の体積　$V=\frac{1}{3}Sh$ (V：体積，S：底面積，h：高さ)

球の体積　$V=\frac{4}{3}\pi r^3$ (V：体積，r：半径)

例 1　半径 3cm の球の体積 V

$$V=\frac{4}{3}\times\pi\times3^3=36\pi(\mathrm{cm}^3)$$

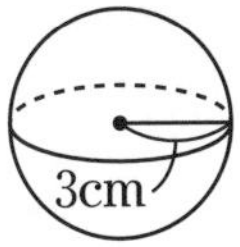

4 正多面体

チェック！

多面体…いくつかの平面で囲まれている立体を多面体といいます。
多面体は，その面の数によって，四面体，五面体，六面体，…などといいます。

正多面体…多面体のうち，次の２つの性質をもち，へこみのないものを正多面体といいます。

・どの面もすべて合同な正多角形である。

・どの頂点にも面が同じ数だけ集まっている。

正多面体は次の５種類しかないことが知られています。

正四面体

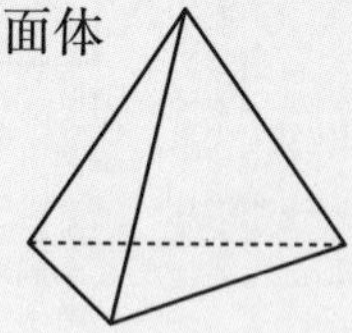

正六面体（立方体）

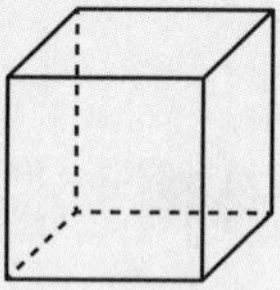

正八面体

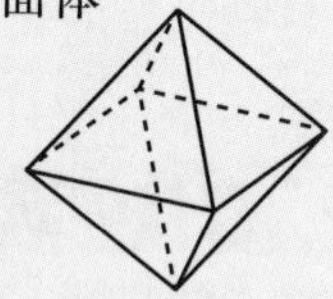

正十二面体

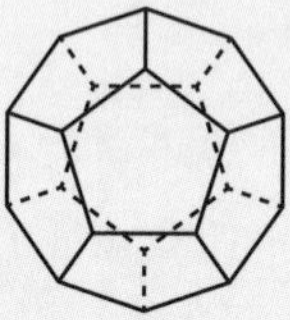

正二十面体

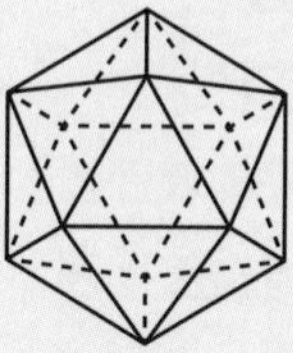

	面の形	面の数	辺の数	頂点の数	1つの頂点に集まる面の数
正四面体	正三角形	4	6	4	3
正六面体	正方形	6	12	8	3
正八面体	正三角形	8	12	6	4
正十二面体	正五角形	12	30	20	3
正二十面体	正三角形	20	30	12	5

基本問題

重要
1 右の図のような三角柱があります。

(1) 直線 AD と垂直な平面をすべて書きなさい。

(2) 直線 AB とねじれの位置にある辺をすべて書きなさい。

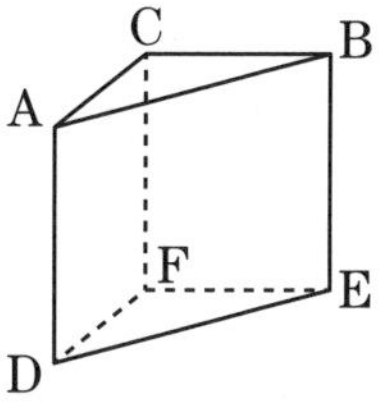

解き方 (1) 三角柱は，底面をそれと垂直な方向に移動させてできる立体であるため，直線 AD と垂直な平面は，平面 ABC と平面 DEF である。

答え 平面 ABC，DEF

(2) 右の図のように，直線 AB と交わる辺に×印，平行な辺に○印をつけると，印がつかない辺がねじれの位置にある辺となる。

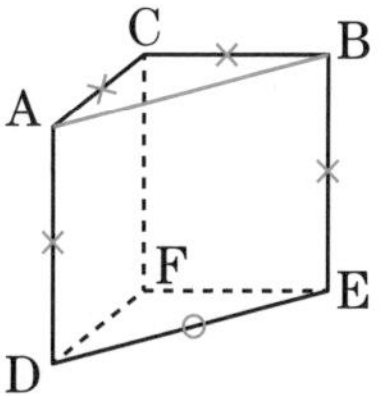

答え 辺 CF，DF，EF

重要
2 右の図の円錐の展開図について，次の問いに答えなさい。ただし，円周率は π とします。

(1) x の値を求めなさい。

(2) この展開図を組み立てたときにできる円錐の表面積を求めなさい。

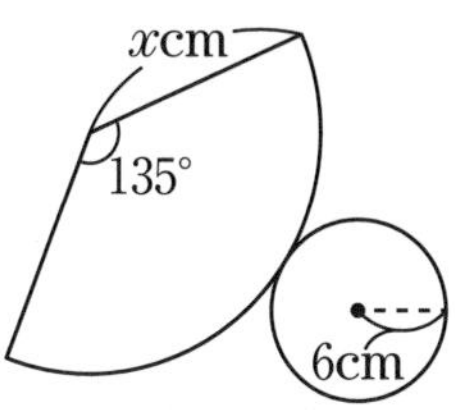

解き方 (1) 側面の展開図は，半径 $x$cm，中心角 135° のおうぎ形だから，

弧の長さは，$2\pi\times x\times\frac{135}{360}=\frac{3}{4}\pi x$(cm)

底面の円周の長さは，$2\pi\times 6=12\pi$(cm)

よって，$\frac{3}{4}\pi x=12\pi$ より，$x=16$

答え $x=16$

(2) $\pi\times 16^2\times\frac{135}{360}+\pi\times 6^2=96\pi+36\pi$

$=132\pi$(cm^2)

答え 132πcm^2

応用問題

重要 **1** 右の図のような△ABCを，直線 ℓ のまわりに1回転してできる立体について考えます。また，円周率は π とします。

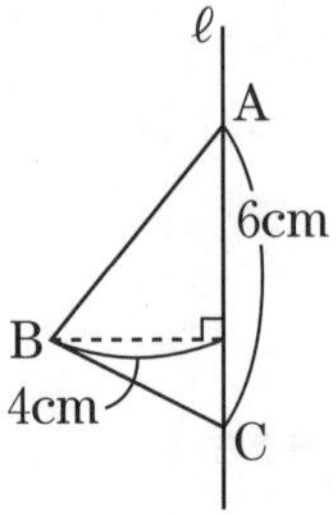

(1) 投影図（とうえいず）を1つかきなさい。

(2) 体積を求めなさい。

(3) AB＝BC＝5cm のとき，表面積を求めなさい。

考え方 (3)展開図は，合同な2つのおうぎ形を組み合わせた図形になります。

解き方 (1) この立体は，底面の円の半径が4cmの2つの円錐（えんすい）を組み合わせたものになる。投影図は，右の図のようになる。

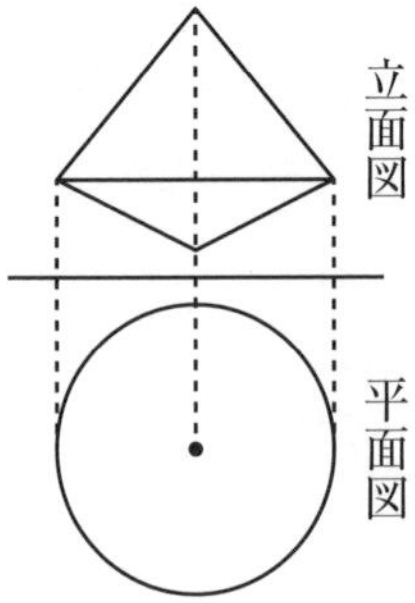

答え

(2) 点Bを通り直線 ℓ に垂直な直線と ℓ との交点をHとし，AH＝$x$cm とすると，CH＝$6-x$(cm)より，求める体積は，

$$\underbrace{\frac{1}{3}\times\pi\times4^2\times x}_{\triangle\text{ABH の回転体}}+\underbrace{\frac{1}{3}\times\pi\times4^2\times(6-x)}_{\triangle\text{CBH の回転体}}$$

$$=\frac{1}{3}\times\pi\times4^2\times\{x+(6-x)\}$$

$$=\frac{1}{3}\times\pi\times4^2\times6=32\pi(\text{cm}^3)$$

答え $32\pi\text{cm}^3$

(3) この立体の展開図は，底面の円の半径が4cm，母線の長さが5cmの円錐の側面の展開図のおうぎ形を2つ組み合わせたものになる。おうぎ形の中心角を $a°$ とすると，おうぎ形の弧（こ）の長さが円錐の底面の円周の長さに等しいことから，

$$2\pi\times5\times\frac{a}{360}=2\pi\times4$$

これより $\frac{a}{360}=\frac{4}{5}$ だから，表面積は，$\pi\times5^2\times\frac{4}{5}\times2=40\pi(\text{cm}^2)$

答え $40\pi\text{cm}^2$

2 右の図のように，球がちょうど入る円柱と，その円柱にちょうど入る円錐があります。球の半径を $r$cm とするとき，円錐，球，円柱の体積比を求めなさい。ただし，円周率は π とします。

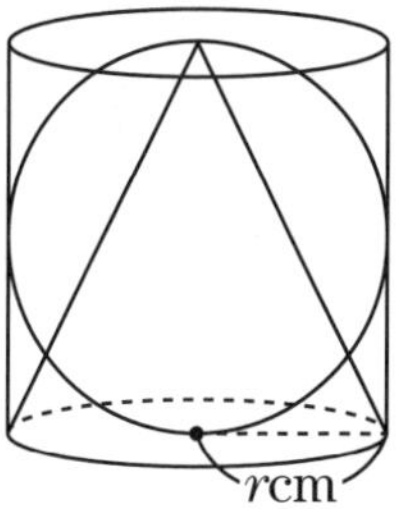

ポイント　球の体積　$V=\frac{4}{3}\pi r^3$

解き方 円錐と円柱の高さは，球の直径と同じ長さであるから，$2r$(cm)

円錐の体積は，$\frac{1}{3}\times\pi r^2\times 2r=\frac{2}{3}\pi r^3$($\mathrm{cm}^3$)

球の体積は，$\frac{4}{3}\pi r^3$(cm^3)

円柱の体積は，$\pi r^2\times 2r=2\pi r^3$($\mathrm{cm}^3$)

よって，円錐，球，円柱の体積比は，

$\frac{2}{3}\pi r^3 : \frac{4}{3}\pi r^3 : 2\pi r^3=2:4:6=1:2:3$　　**答え** 1：2：3

3 右の図のような，合同な正三角形 10 個を面とし，A から G までの 7 個の頂点をもつ立体は，正多面体ですか。理由をつけて説明しなさい。

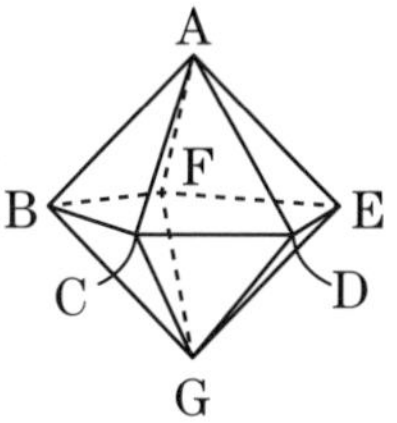

ポイント　正多面体とは「すべての面が合同な正多角形で，どの頂点にも同じ数の面が集まる，へこみのない多面体」です。

解き方 この立体は，頂点 A(，G)には 5 つの面が集まっているが，頂点 B(，C，D，E，F)には 4 つの面が集まっており，どの頂点にも同じ数の面が集まってはいないから，正多面体ではない。

答え 正多面体ではない。

発展問題

1 図1のような，ふたのない直方体の形の容器にあんこが入っています。この容器から，図2のような器具を使ってあんこを取り出します。器具の先は，半径が6cmの球とみなすことができ，球の内側に入ったあんこはすべて取り出すことができます。この器具だけを使って，容器から取り出すことができるあんこの体積の合計を求めなさい。ただし，円周率はπとします。また，あんこは溶(と)けたり流れたりすることがないものとします。

図1

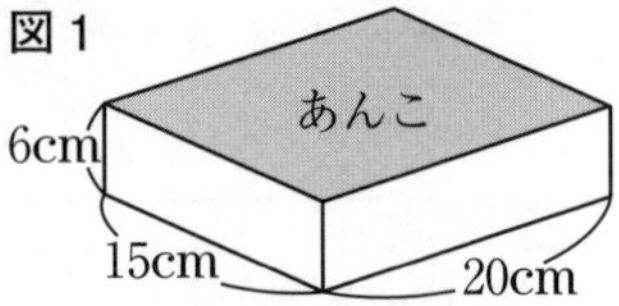

図2

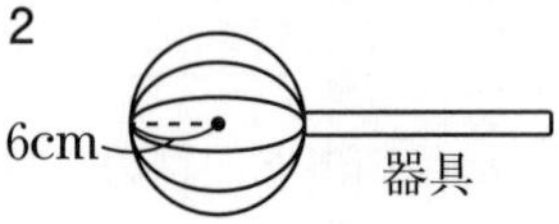

解き方 器具の先の球の体積は，$\frac{4}{3}\pi\times6^3=288\pi(\text{cm}^3)$

球の半径が容器の高さに等しいことから，この容器の内側で球が動き回れる部分全体は，右の図のようになる。

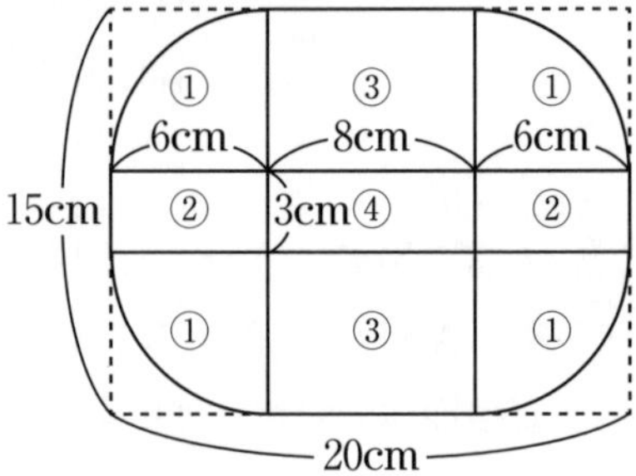

①…半径6cmの球を8つに切った立体

②…底面が半径6cm，中心角90°のおうぎ形で，高さが3cmの柱体

③…底面が半径6cm,中心角90°のおうぎ形で,高さが8cmの柱体

④…縦3cm，横8cm，高さ6cmの直方体

①の体積は，$288\pi\times\frac{1}{8}\times4=144\pi(\text{cm}^3)$

②の体積は，$\pi\times6^2\times\frac{90}{360}\times3\times2=54\pi(\text{cm}^3)$

③の体積は，$\pi\times6^2\times\frac{90}{360}\times8\times2=144\pi(\text{cm}^3)$

④の体積は，$3\times8\times6=144(\text{cm}^3)$

①～④の体積を合計して，

$144\pi+54\pi+144\pi+144=342\pi+144(\text{cm}^3)$ **答え** $342\pi+144(\text{cm}^3)$

練習問題

答え：別冊 p.26

重要
1 右の図の正五角柱について，次の問いに答えなさい。

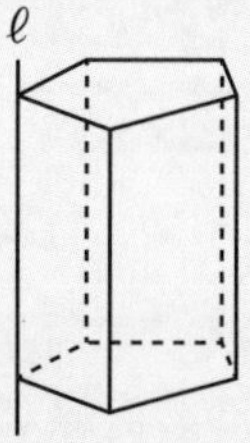

(1) 直線 ℓ に垂直な面は，いくつありますか。

(2) 直線 ℓ に平行な面は，いくつありますか。

(3) ある辺とねじれの位置にある辺の数を x とします。x として考えられる値（あたい）をすべて求めなさい。

重要
2 右の図は，おうぎ形 OAB と正方形 BCDO を組み合わせたもので，点 A，O，D は直線 ℓ 上にあります。この図形を，ℓ のまわりに 1 回転させてできる立体について，次の問いに答えなさい。ただし，円周率は π とします。

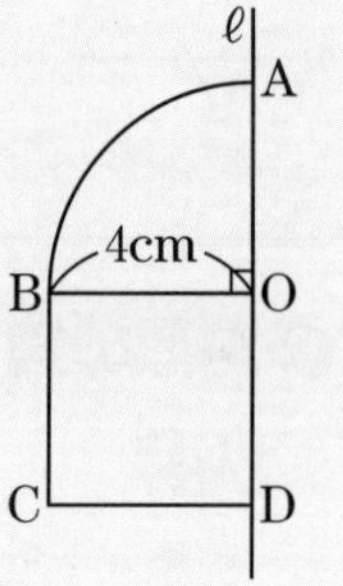

(1) 表面積を求めなさい。

(2) 体積を求めなさい。

3 右の図のような，底面の半径が 8cm の円柱の形をした容器に水を入れ，半径が 3cm の球の形をしたおもりを 4 個しずめたところ，容器の水の深さが 15cm になり，水はあふれませんでした。この容器には，何 cm^3 の水が入っていますか。ただし，円周率は π とします。また，容器の厚さは考えないものとします。

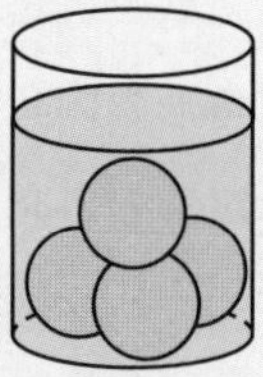

3-3 平行と合同

1 平行線と角

☑ チェック！

対頂角の性質…対頂角は等しいです。

同位角，錯角（さっかく）の性質…

2 つの直線が平行ならば，同位角，錯角はそれぞれ等しいです。

同位角または錯角が等しいならば，2 つの直線は平行です。

$\ell /\!/ m$ のとき　　　　　　　$\angle a = \angle b$ または $\angle a = \angle c$ のとき

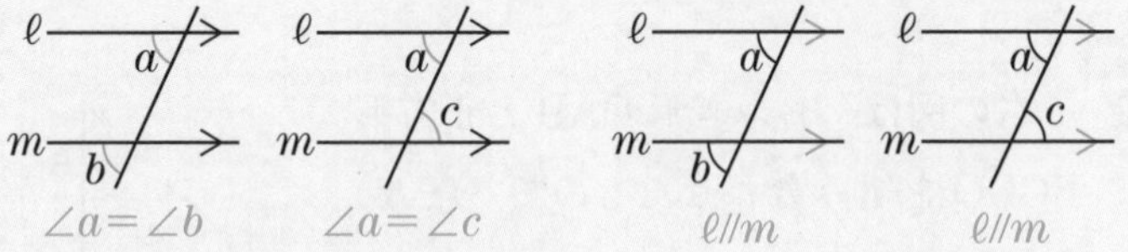

2 多角形の角

☑ チェック！

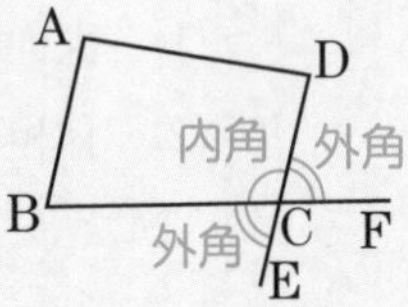

内角，外角…右の四角形 ABCD で，∠BCD を頂点 C における内角，∠BCE や∠DCF を外角といいます。

三角形の内角，外角の性質…

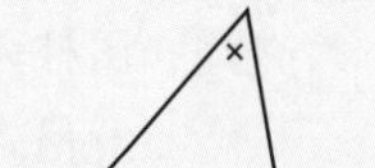

三角形の内角の和は，180° です。

三角形の外角の大きさは，それととなり合わない 2 つの内角の和に等しいです。

多角形の内角，外角…

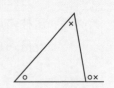

n 角形の内角の和は，$180° \times (n-2)$ です。

多角形の外角の和は，360° です。

3 三角形の合同条件

☑チェック！

合同…平面上の2つの図形について，一方を移動して他方に重ね合わせることができるとき，2つの図形は合同であるといいます。
△ABCと△DEFが合同であることを記号≡を用いて，
△ABC ≡△DEF のように表します。

合同な図形の性質…合同な図形では，対応する線分の長さ，角の大きさはそれぞれ等しくなります。

三角形の合同条件…

2つの三角形は，次の条件のうち，いずれかが成り立つとき，合同になります。

① 3組の辺がそれぞれ等しい。

② 2組の辺とその間の角がそれぞれ等しい。

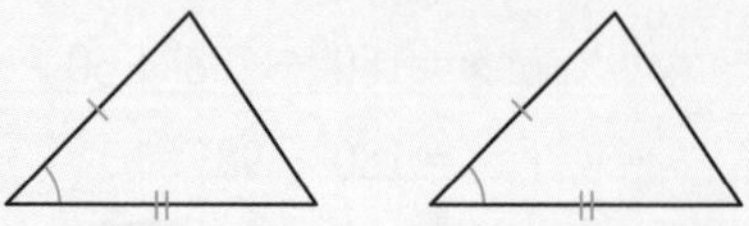

③ 1組の辺とその両端（りょうたん）の角がそれぞれ等しい。

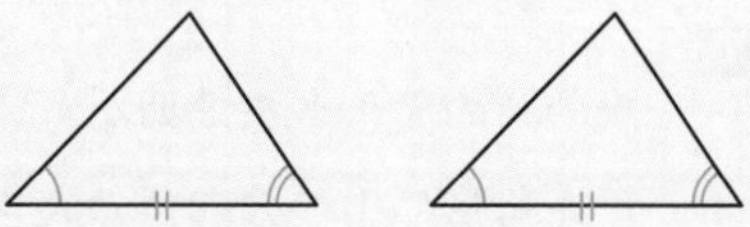

例1 右の図の△AOCと△BOCにおいて，OA＝OB，AC＝BCであるとき，辺OCは共通なので，三角形の合同条件「3組の辺がそれぞれ等しい」が成り立ち，△AOC ≡△BOCです。

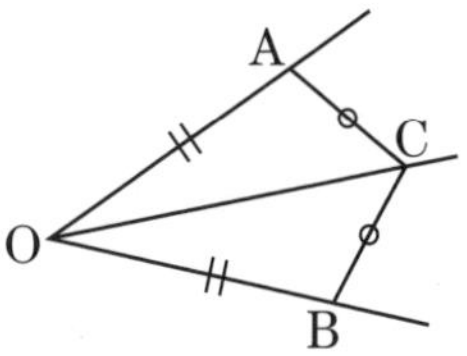

第3章 図形に関する問題

基本問題

重要
1 次の図で，$\ell /\!/ m$ のとき，$\angle x$ の大きさは何度ですか。

(1)

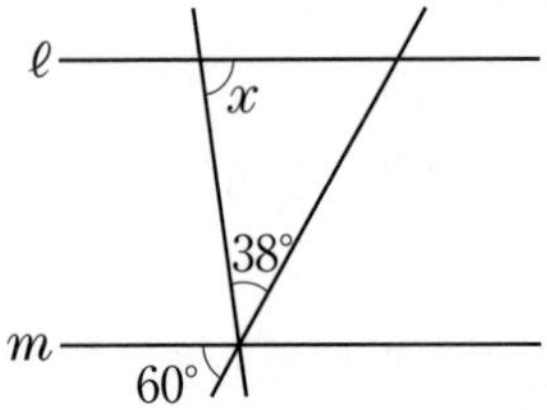

(2)

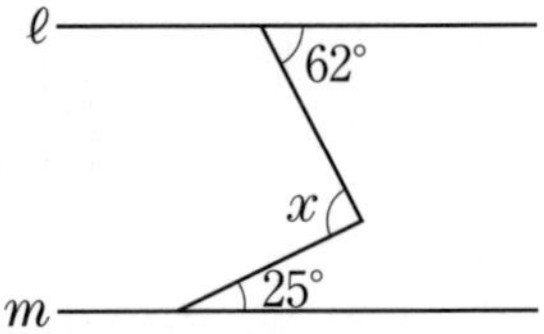

考え方
(1)平行線の同位角と錯角（さっかく）は等しいことを利用します。
(2)$\angle x$ の頂点を通り，ℓ と m に平行な直線をひきます。

解き方 (1)

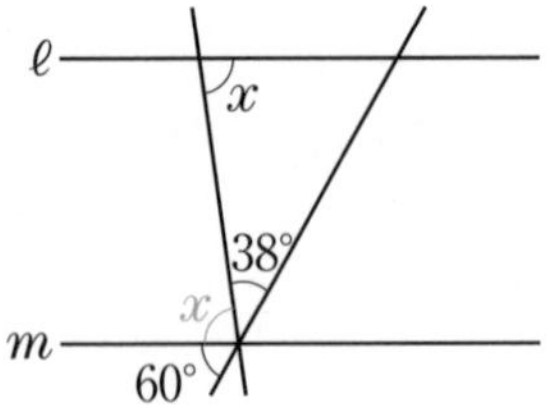

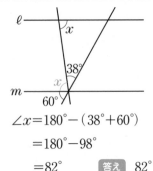

$\angle x = 180° - (38° + 60°)$
$= 180° - 98°$
$= 82°$ 　**答え** 82°

(2)

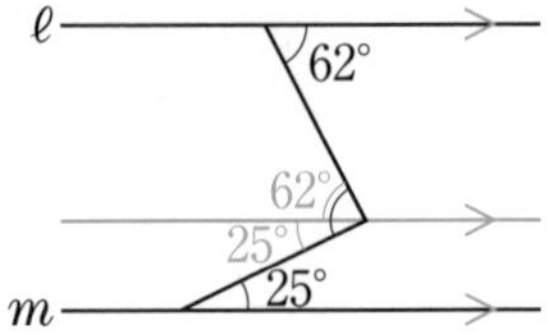

$\angle x = 62° + 25°$
$= 87°$

答え 87°

重要
2 次の角の大きさを求めなさい。

(1) 正九角形の1つの内角の大きさ
(2) 正十五角形の1つの外角の大きさ

ポイント 正多角形の1つの内角の大きさ，1つの外角の大きさは，それぞれすべて等しくなります。

解き方 (1) 正九角形の内角の和は，$180° \times (n-2)$ に $n=9$ を代入して，
$180° \times (9-2) = 180° \times 7 = 1260°$
よって，1つの内角の大きさは，$1260° \div 9 = 140°$ 　**答え** 140°

(2) 多角形の外角の和は 360° だから，1つの外角の大きさは，
$360° \div 15 = 24°$ 　**答え** 24°

応用問題

1 1つの内角が170°である正多角形は，正何角形ですか。

解き方 求める正多角形を正 n 角形とすると，$180° \times (n-2) = 170° \times n$

これを解いて，$n=36$ 　　答え 正三十六角形

2 右の図のような長方形の紙があります。辺AD上に点Eを，辺BC上に点Fをとり，線分EFを折り目として，この紙を折り返しました。このとき，頂点C，Dが移った点をそれぞれG，H，線分AEとFGの交点をIとします。∠DEF＝113°のとき，∠AIFの大きさは何度ですか。

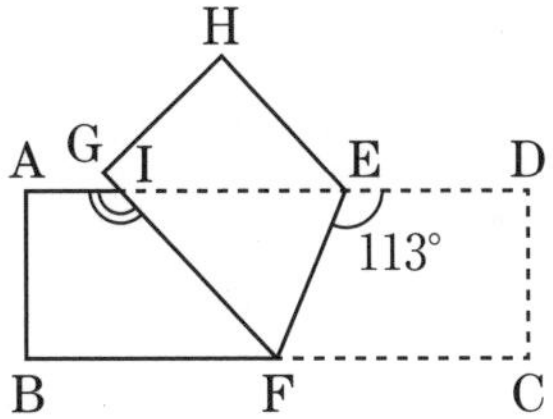

解き方 折り返した角は等しいから，∠EFG＝∠EFC …①

AD∥BCより，錯角は等しいから，∠IEF＝∠EFC …②

∠IEF＝180°−113°＝67°

①，②より，∠EFG＝∠EFC＝∠IEF＝67°

△IFEにおいて，外角の性質より，

∠AIF＝∠IFE＋∠IEF＝67°＋67°＝134° 　　答え 134°

重要

3 △ABCと△DEFで，BC＝EF，AC＝DFが成り立っています。あと1つ条件を加えて，△ABCと△DEFが合同になるようにします。加える条件として考えられるものと，そのとき用いる合同条件をすべて答えなさい。

解き方 三角形の合同条件になるようにする。

3組の辺がそれぞれ等しくなるには，AB＝DE，2組の辺とその間の角がそれぞれ等しくなるには，∠C＝∠Fを加えればよい。

答え AB＝DE，3組の辺がそれぞれ等しい。

∠C＝∠F，2組の辺とその間の角がそれぞれ等しい。

• 発展問題 •

1 右の図のように，平行な2直線PQ，RSと，正五角形ABCDEがあります。頂点A，Cは，それぞれ直線PQ，RS上にあり，∠PAB＝61°です。

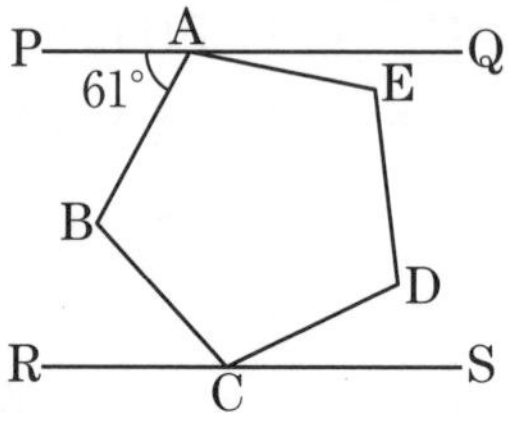

(1) ∠BCRの大きさは何度ですか。

(2) ∠DCSの大きさは何度ですか。

解き方 (1) 正五角形の1つの内角の大きさは，180°×(5−2)÷5＝108°

点Bを通り，直線PQに平行な直線TUをひくと，錯角(さっかく)は等しいから，

∠PAB＝∠ABU＝61°

∠UBC＝108°−61°＝47°

であり，錯角は等しいから，

∠BCR＝∠UBC＝47°

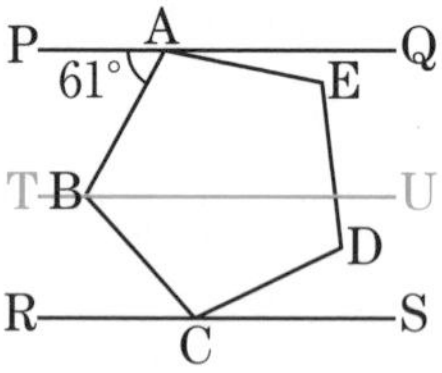

答え 47°

(2) ∠DCS＝180°−∠BCD−∠BCR

＝180°−108°−47°

＝25°

答え 25°

2 右の図形で，5つの角の和

$\angle a+\angle b+\angle c+\angle d+\angle e$

は何度になりますか。

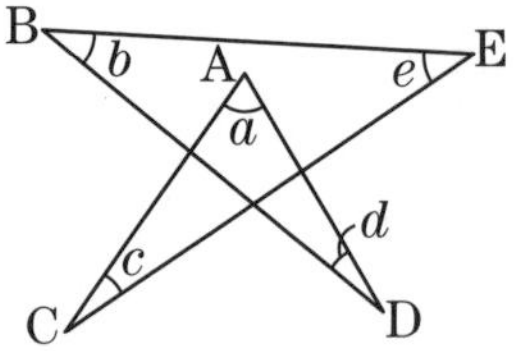

解き方 △AFD，△BGEの内角と外角の性質より，

$\angle f=\angle a+\angle d$

$\angle g=\angle b+\angle e$

△FCGの内角の和は180°だから，

$\angle a+\angle b+\angle c+\angle d+\angle e=(\angle a+\angle d)+(\angle b+\angle e)+\angle c$

$=\angle f+\angle g+\angle c$

$=180°$

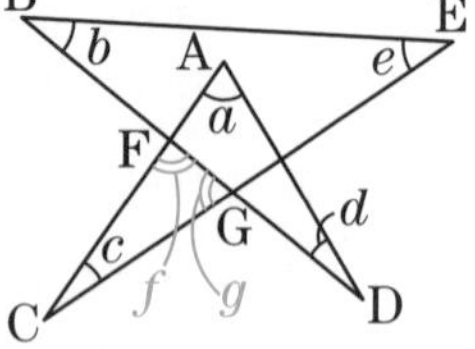

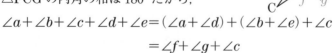

答え 180°

練習問題

答え：別冊 p.27 ～ p.28

重要
1 次の図で，$\ell /\!/ m$ のとき，$\angle x$ の大きさは何度ですか。

(1)
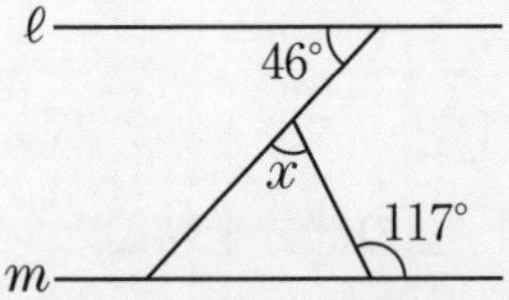

(2)
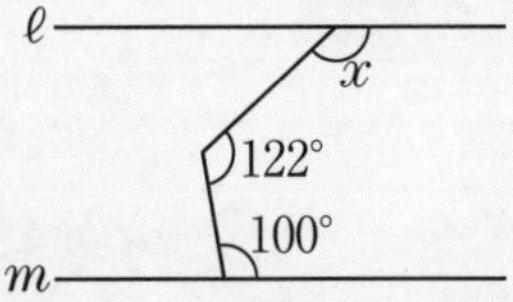

重要
2 多角形について，次の問いに答えなさい。

(1) 正十五角形の1つの内角の大きさは何度ですか。

(2) 1つの外角の大きさが18°である正多角形は正何角形ですか。

3 右の図の五角形ABCDEで，∠CDEの二等分線と∠DEAの二等分線が交わる点をPとします。このとき，∠EPDの大きさは何度ですか。

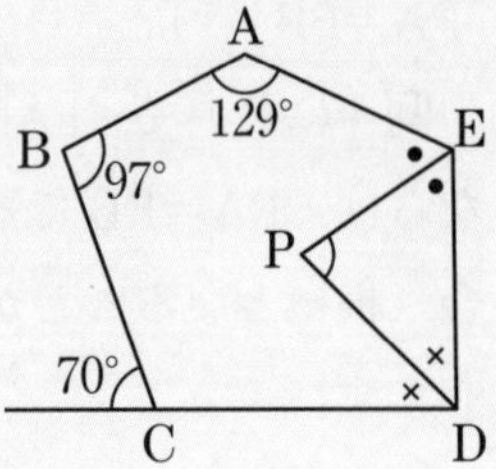

4 たかしさんとまことさんが，それぞれ次の(1)～(3)の三角形をかきます。2人がかく三角形は，必ず合同になるといえますか。

(1) 3辺の長さが6cm，7cm，8cmの三角形

(2) 2つの辺の長さが4cmと5cmで，1つの内角が50°の三角形

(3) 3つの内角の大きさが40°，60°，80°の三角形

3-4 証明

1 証明のしくみ

☑チェック!

仮定，結論…「○○○ならば□□□」ということがらがあるとき，○○○の部分を仮定，□□□の部分を結論といいます。

証明…すでに正しいと認められていることがらを根拠(こんきょ)として，仮定から結論を導くことを証明といいます。

例１　「△PAMと△PBMにおいて，AM＝BM，PM⊥ABならば，PA＝PBである。」では，仮定が「AM＝BM，PM⊥AB」，結論が「PA＝PB」です。

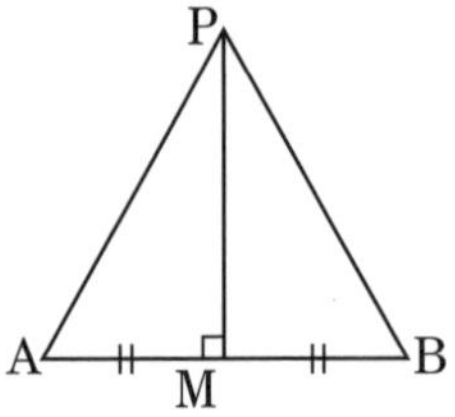

例２　例１において，「AM＝BM，PM⊥ABならば，PA＝PBである。」を証明する場合，根拠となることがらに注意して筋道をまとめると，次のようになります。

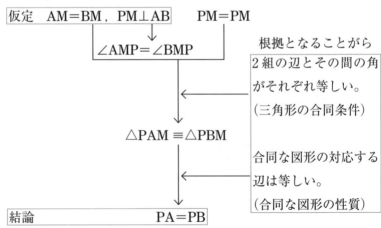

△PAMと△PBMにおいて，

仮定　AM＝BM，PM⊥AB　　PM＝PM

↓

∠AMP＝∠BMP

↓　←　根拠となることがら：2組の辺とその間の角がそれぞれ等しい。(三角形の合同条件)

△PAM≡△PBM

↓　←　合同な図形の対応する辺は等しい。(合同な図形の性質)

結論　PA＝PB

2 反例

☑チェック!

逆…あることがらの仮定と結論を入れかえたもの
元のことがらが正しいときも，その逆は必ずしも正しいとは限りません。

例１　「△ABC において，「AB＝AC ならば，△ABC は二等辺三角形である。」は正しいことがらです。
（AB＝AC：仮定，△ABC は二等辺三角形：結論）

　このことがらの逆は，「△ABC が二等辺三角形ならば，AB＝AC である。」ですが，このことがらは正しくありません。

☑チェック!

反例…あることがらが成り立たないことを示す例

例１　△ABC において，「∠A＝60° ならば，△ABC は正三角形である。」は，右の図の∠A＝60°，∠B＝30°，∠C＝90° である△ABC のように，∠A＝60° であるが正三角形ではない場合を反例として示すことで，正しくないことを説明できます。

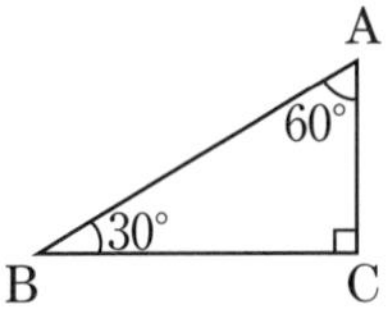

テスト　次のことがらの逆を書き，それが正しいか正しくないか書きなさい。また，正しくない場合は反例を示しなさい。

「△ABC≡△DEF ならば，∠A＝∠D, ∠B＝∠E, ∠C＝∠F である。」

答え　逆…∠A＝∠D, ∠B＝∠E, ∠C＝∠F ならば, △ABC≡△DEF
正誤…正しくない。
反例… AB＝BC＝CA＝3cm の正三角形 ABC と，
DE＝EF＝FD＝6cm の正三角形 DEF

基本問題

1 次のことがらの逆を書きなさい。

(1) △ABC ≡△DEF ならば，AB＝DE である。

(2) 四角形 ABCD がひし形ならば，四角形 ABCD は線対称(せんたいしょう)である。

ポイント ことがら「○○○ならば□□□」の逆は「□□□ならば○○○」

解き方 (1) 仮定は「△ABC ≡△DEF」，結論は「AB＝DE」なので，これらを入れかえて「AB＝DE ならば，△ABC ≡△DEF である。」となる。

答え AB＝DE ならば，△ABC ≡△DEF である。

(2) 仮定は「四角形 ABCD がひし形」，結論は「四角形 ABCD が線対称」なので，これらを入れかえて「四角形 ABCD が線対称ならば，四角形 ABCD はひし形である。」となる。

答え 四角形 ABCD が線対称ならば，
四角形 ABCD はひし形である。

重要

2 次のことがらが正しいか正しくないか書きなさい。また，正しくない場合は反例を示しなさい。

「△ABC が直角三角形ならば，∠A＝90° である。」

解き方 たとえば，右の図のように，∠B＝90° の直角三角形や，∠C＝90° の直角三角形は∠A＝90° ではないため，ことがらは正しくないことがわかる。

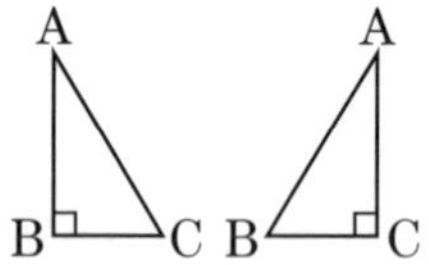

答え 正誤…正しくない。
反例…(例) ∠B＝90° の直角三角形
∠C＝90° の直角三角形

応用問題

1 右の図で，A，B，C はこの順に一直線にあり，△ABD，△BCE は正三角形です。

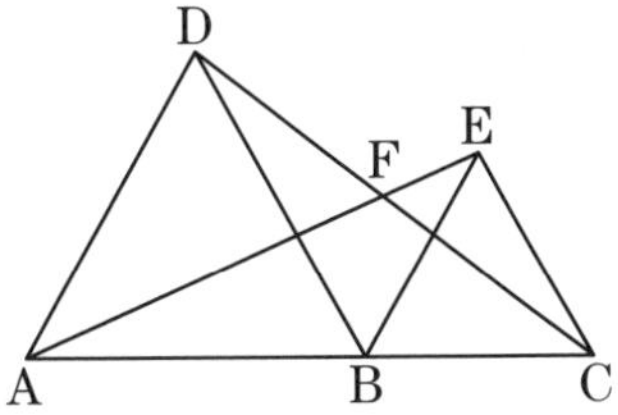

(1) AE＝DC であることを証明しなさい。

(2) 線分 AE，DC の交点を F とするとき，∠DFE の大きさは何度ですか。

解き方 (1) 線分 AE と DC をそれぞれ辺にもつ三角形の合同を示すことで，長さが等しいことを証明できる。

答え △ABE と△DBC において，△ABD，△BCE は正三角形だから，

AB＝DB …①

BE＝BC …②

また，∠EBC＝∠ABD＝60° だから，

∠ABE＝180°－∠EBC＝180°－60°＝120° …③

∠DBC＝180°－∠ABD＝180°－60°＝120° …④

③，④より，∠ABE＝∠DBC …⑤

①，②，⑤より，2 組の辺とその間の角がそれぞれ等しいから，

△ABE ≡△DBC

合同な図形の対応する辺は等しいから，AE＝DC

(2) (1)より，∠BAE＝∠BDC

三角形の外角の性質より，

∠DFA＝∠FAC＋∠FCA

＝∠BDC＋∠BCD

＝180°－∠DBC

＝180°－120°

＝60°

よって，

∠DFE＝180°－∠DFA＝180°－60°＝120°　　**答え** 120°

第3章 図形に関する問題

発展問題

1 右の図は，直線ℓとその上にない点Pが与えられたとき，ℓ上に2点A，Bをとり，点A，Bを中心として，点Pを通る円をかき，P以外の交点をQとしたものです。直線ℓとPQの交点をHとするとき，∠AHP$=90^\circ$となることを証明します。みゆきさんは，下のような証明を書きましたが，この証明には誤りがあります。

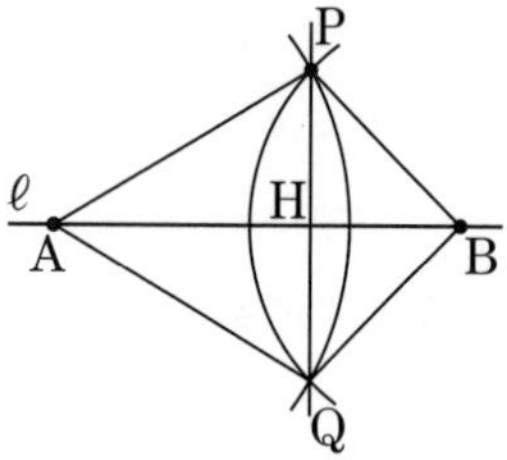

みゆきさんの証明

△PAHと△QAHにおいて，仮定より，

AP＝AQ …㋐，∠PAH＝∠QAH …㋑

辺AHは共通なので，AH＝AH …㋒

㋐，㋑，㋒より，2組の辺とその間の角がそれぞれ等しい。

よって，△PAH ≡△QAH

合同な図形の対応する角は等しいから，∠AHP＝∠AHQ

Hは直線PQ上の点だから，∠AHP$=\frac{1}{2}\times 180^\circ = 90^\circ$

(1) 誤りはどれですか。㋐～㋒の中から1つ選びなさい。

(2) 「△PAHと△QAHにおいて」の前に，別の三角形の合同を証明すれば，正しい証明になります。その証明を書きなさい。

解き方 (1) ∠PAH＝∠QAHは，仮定だけからは示せないので，㋑が誤りである。

答え ㋑

(2) ∠PAHと∠QAH，すなわち∠PABと∠QABを含（ふく）む△PABと△QABが，合同であることを証明すればよい。

答え △PABと△QABにおいて，仮定より，

AP＝AQ …①，BP＝BQ …②

辺ABは共通なので，AB＝AB …③

①，②，③より，3組の辺がそれぞれ等しいから，

△PAB ≡△QAB

練習問題

答え：別冊 p.28～p.29

1　「△ABC が正三角形ならば，AB=BC である。」ということがらについて，次の問いに答えなさい。

(1)　このことがらの逆をいいなさい。

(2)　(1)は正しいことがらですか。「正しい」「正しくない」で答え，正しくないならば反例を示しなさい。

重要

2　右の図で，$\ell /\!/ m$，AB=DC です。線分 AD と BC の交点を O とするとき，△OAB ≡△ODC であることを証明しなさい。

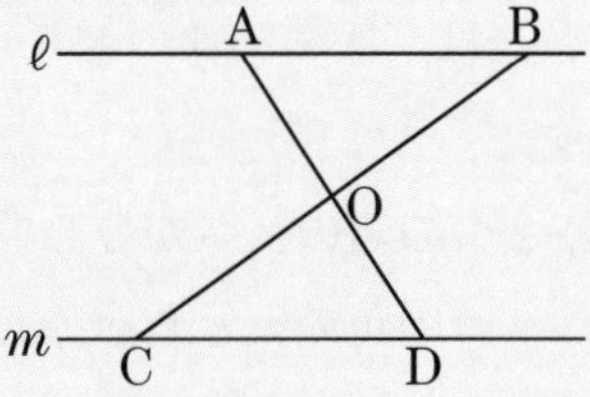

重要

3　右の図のように，正方形 ABCD の外側に正方形 DEFG をつくります。このとき，AE=CG であることを証明します。次の問いに答えなさい。

(1)　どの三角形とどの三角形が合同であることを示せばよいですか。

(2)　AE=CG であることを証明しなさい。

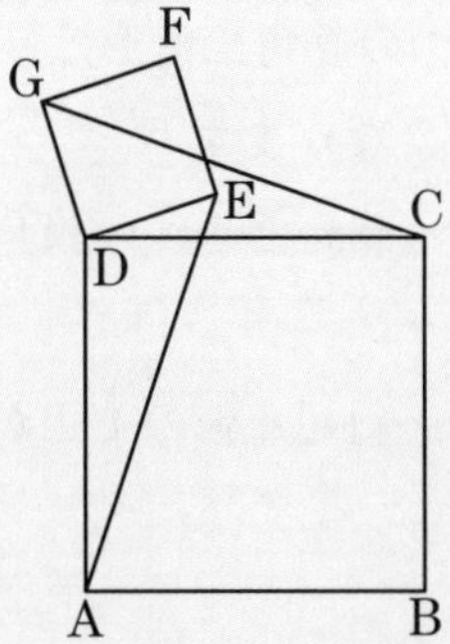

3-5 三角形，四角形

1 二等辺三角形，直角三角形

☑ チェック！

二等辺三角形…２つの辺が等しい三角形

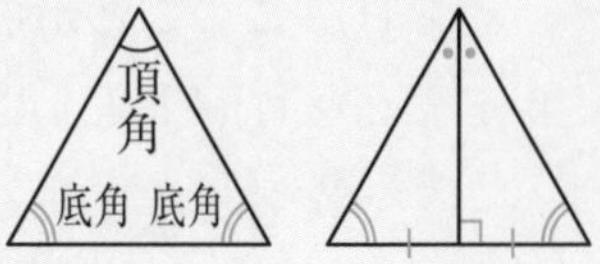

二等辺三角形の性質…

① ２つの底角は等しい。

② 頂角の二等分線は，底辺を垂直に２等分する。

二等辺三角形になるための条件…

三角形は，次の条件のどちらかが成り立つとき，二等辺三角形になります。

① ２つの辺の長さが等しい。（定義）

② ２つの角の大きさが等しい。

☑ チェック！

直角三角形の合同条件…

２つの直角三角形は，次の条件のうち，いずれかが成り立つとき，合同になります。

① 斜辺（しゃへん）と１つの鋭角（えいかく）がそれぞれ等しい。

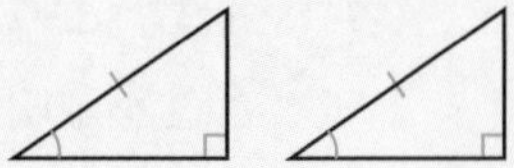

② 斜辺と他の１辺がそれぞれ等しい。

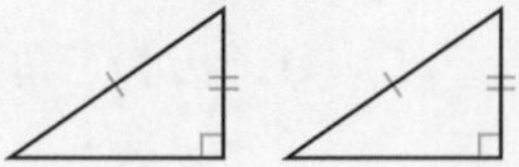

例１ 右の図のように，∠O の二等分線上の点 P から，直線 AO，BO に垂線をひきます。このとき，「直角三角形の斜辺と１つの鋭角がそれぞれ等しい」が根拠（こんきょ）となって，△AOP≡△BOP といえます。

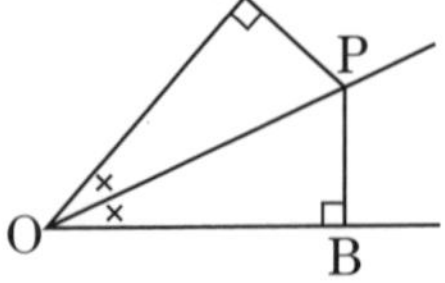

2 平行四辺形

☑チェック！

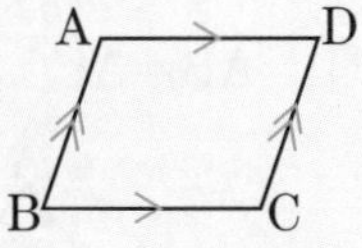

平行四辺形… 2組の向かい合う辺がそれぞれ平行な四角形

平行四辺形の性質…

① 2組の向かい合う辺の長さはそれぞれ等しい。

② 2組の向かい合う角の大きさはそれぞれ等しい。

③ 対角線は，それぞれの中点で交わる。

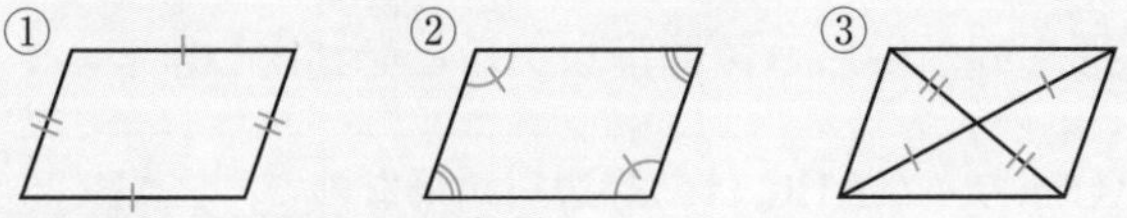

平行四辺形になるための条件…

四角形は，次の条件のうち，いずれかが成り立つとき，平行四辺形になります。

① 2組の向かい合う辺がそれぞれ平行である。（定義）

② 2組の向かい合う辺の長さがそれぞれ等しい。

③ 2組の向かい合う角の大きさがそれぞれ等しい。

④ 対角線がそれぞれの中点で交わる。

⑤ 1組の向かい合う辺が平行でその長さが等しい。

3 平行線と面積

☑チェック！

右の図で，$\ell /\!/ m$ のとき，平行な2直線は距離(きょり)が一定なので，△ABP，△ABP′，△ABP″ の面積はすべて等しくなります。

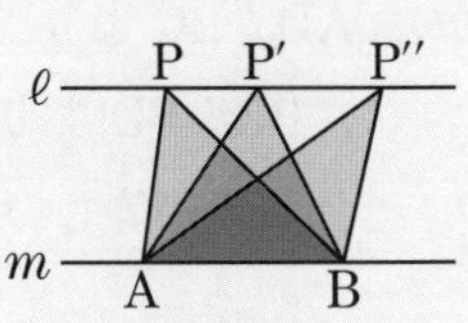

例1　右の図で，AD//BC のとき，

△ABC＝△DBC，△ABD＝△ACD

です。

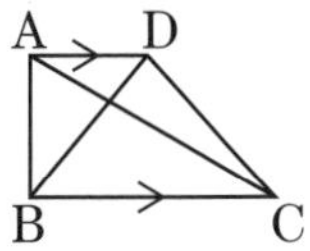

基本問題

重要

1 次の図で，$\angle x$ の大きさは何度ですか。

(1) AB＝AC

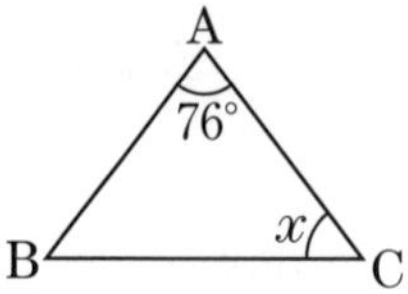

(2) 四角形 ABCD は平行四辺形

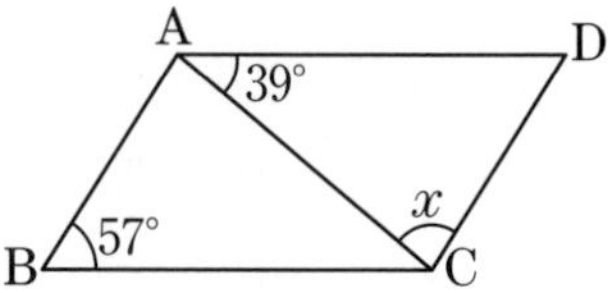

考え方
(1) AB＝AC より，∠ABC＝∠ACB
(2)平行四辺形の向かい合う角は等しいことを利用します。

解き方 (1) AB＝AC より，△ABC は二等辺三角形なので，∠ABC＝∠ACB

$\angle x=(180^\circ-76^\circ)\times\frac{1}{2}=52^\circ$ 　　**答え** 52°

(2) 平行四辺形の向かい合う角の大きさは等しいので，∠ADC＝57°

三角形の内角の和は 180° なので，

$\angle x=180^\circ-(39^\circ+57^\circ)=84^\circ$ 　　**答え** 84°

2 右の図で，四角形 ABCD は平行四辺形で，BE∥FD です。△ABF と面積の等しい三角形をすべて書きなさい。

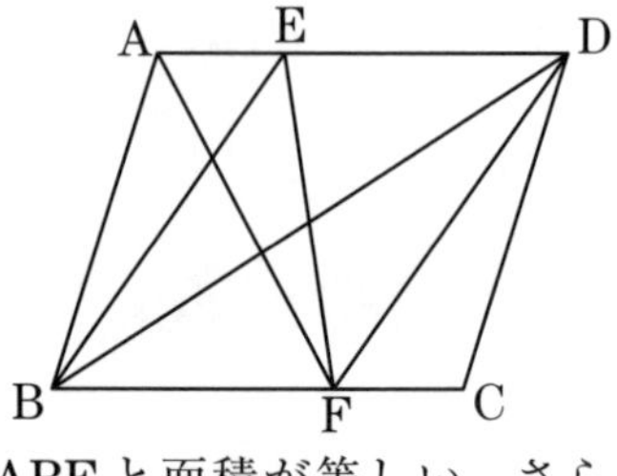

考え方
平行線と面積の性質を使います。

解き方 AD∥BC より，△EBF，△DBF は△ABF と面積が等しい。さらに，BE∥FD より，△EBD は△EBF と，△EFD は△DBF と，それぞれ面積が等しい。

答え △EBF，△DBF，△EBD，△EFD

応用問題

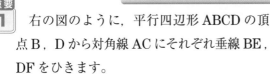

重要 **1** 右の図のように，平行四辺形 ABCD の頂点 B，D から対角線 AC にそれぞれ垂線 BE，DF をひきます。

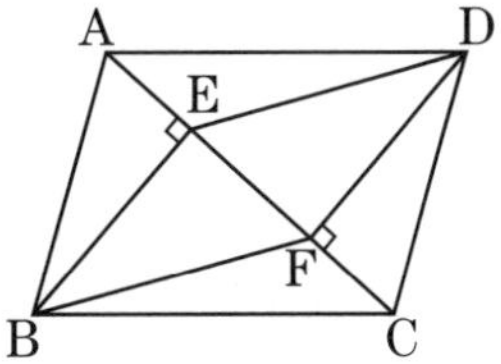

(1) AE＝CF であることを証明しなさい。

(2) 四角形 EBFD が平行四辺形であることを証明しなさい。

解き方 (1) △ABE と△CDF が合同であることを示せばよい。

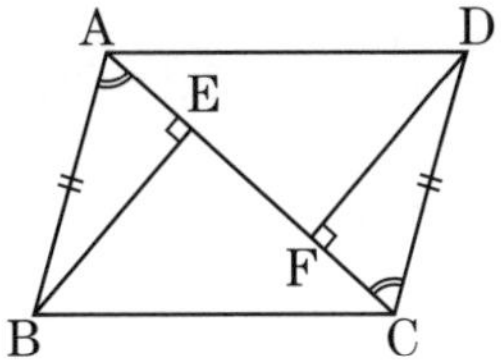

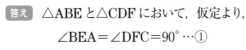

答え △ABE と△CDF において，仮定より，

∠BEA＝∠DFC＝90° …①

四角形 ABCD は平行四辺形だから，

AB＝CD …②

AB∥DC より，錯角(さっかく)は等しいから，

∠EAB＝∠FCD …③

①，②，③より，直角三角形の斜辺(しゃへん)と 1 つの鋭角(えいかく)がそれぞれ等しいから，

△ABE ≡△CDF

合同な図形の対応する辺は等しいから，AE＝CF …④

(2) (1)より，AE＝CF であるから，「対角線がそれぞれの中点で交わる」を利用する。

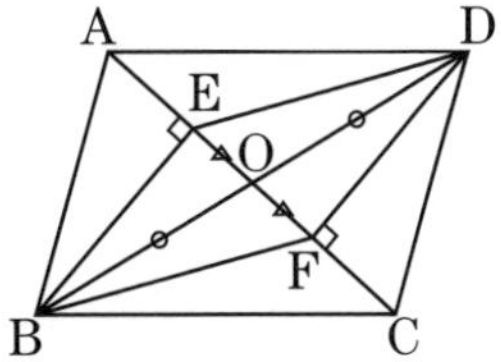

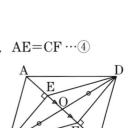

答え 平行四辺形 ABCD の対角線の交点を O とする。対角線はそれぞれの中点で交わるので，AO＝CO …⑤，BO＝DO …⑥

④，⑤より，

EO＝AO－AE＝CO－CF＝FO …⑦

⑥，⑦より，対角線がそれぞれの中点で交わるから，四角形 EBFD は平行四辺形である。

第3章 図形に関する問題

発展問題

1 右の図のような四角形の土地 ABCD があります。点 D と辺 BC 上の点 P を通るまっすぐな道路でこの土地を分け，分けられた2つの土地の面積が等しくなるようにします。このような線分 DP を作図しなさい。

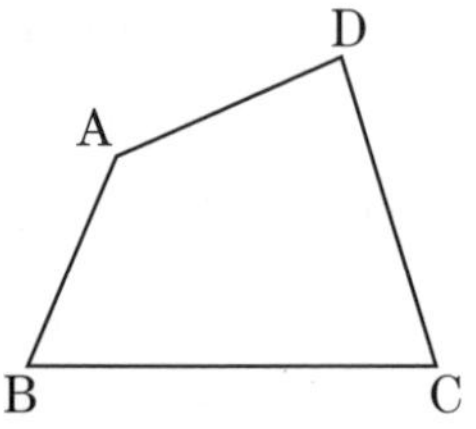

考え方
四角形 ABCD を，面積が同じ三角形に変形します。

解き方1
① 線分 BD と直線 BC をひく。
② 点 A を中心とする円と線分 BD の交点を E，F とする。
③ 点 E，F を中心とする等しい半径の円の交点を G とする。
④ 点 A を中心とする円と直線 AG の交点を H，I とする。
⑤ 点 H，I を中心とする等しい半径の円の交点を J とする。
⑥ 直線BCとAJの交点をKとする。
⑦ 点 C，K を中心とする等しい半径の円の交点を L，M とする。
⑧ 直線 BC と LM の交点を P とし，線分 DP をひく。

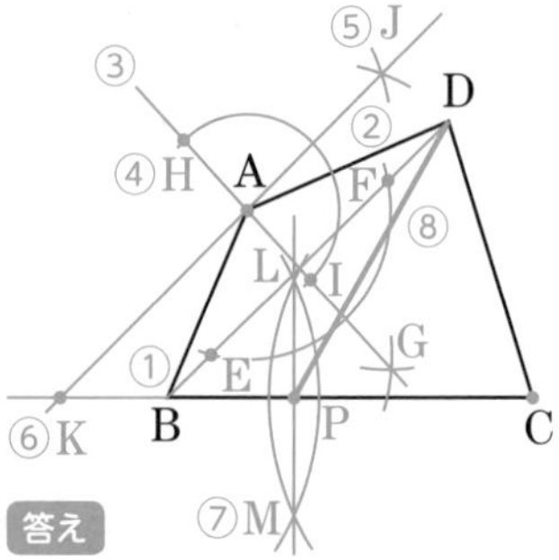

解き方2
① 線分 BD と直線 BC をひく。
② 点 B を中心とする半径 AB の円と線分 BD の交点を E とする。
③ 点 A，E を中心とする半径 AB の円の交点を F とする。
④ 直線BCとAFの交点をGとする。
⑤ 点 C，G を中心とする等しい半径の円の交点を H，I とする。
⑥ 直線 BC と HI の交点を P とし，線分 DP をひく。

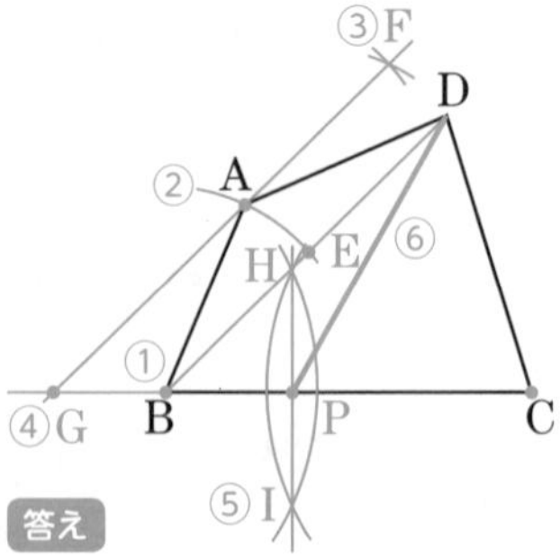

練習問題

答え：別冊 p.30 ～ p.31

重要

1 右の図のように，正方形 ABCD の辺 AB，BC，CD の上にそれぞれ点 P，Q，R があります。PQ=QR，BQ=CR が成り立つとき，次の問いに答えなさい。

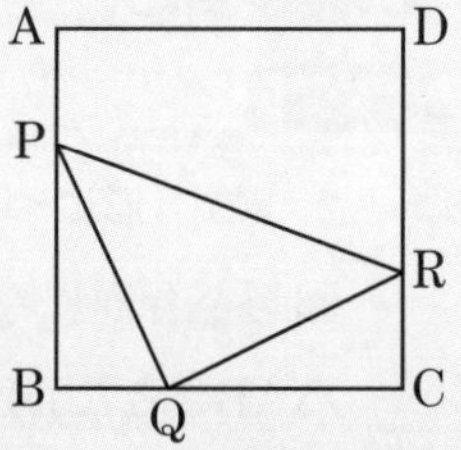

(1) △PBQ と△QCR が合同であることを，もっとも簡潔な手順で証明しなさい。

(2) △PBQ と△QCR が合同であることをもとにすると，新たにわかることがあります。それを①～⑥の中から 2 つ選びなさい。

① PQ=QR　② BQ=CR

③ PB=QC　④ ∠PBQ=∠QCR=90°

⑤ ∠QPR=∠QRP　⑥ ∠PQR=90°

2 右の図のように，平行四辺形 ABCD の辺 BC 上に点 X を，辺 AD 上に点 Y を，BX=DY となるようにとります。次の問いに答えなさい。

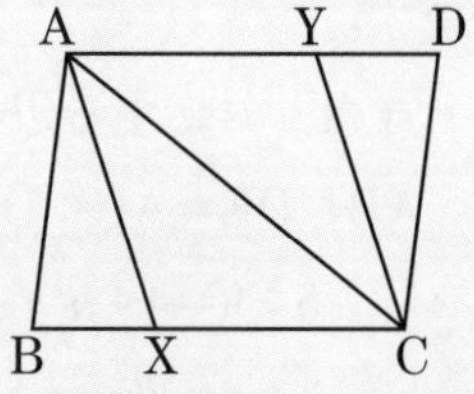

(1) 四角形 AXCY は平行四辺形であることを証明しなさい。

(2) ∠XAC=∠YAC が成り立つとき，四角形 AXCY はどのような四角形になりますか。また，その理由を説明しなさい。

3-6 相似な図形

1 相似な図形

☑ チェック!

相似(そうじ)…2つの図形について，一方を拡大または縮小するともう一方の図形と合同になるとき，2つの図形は相似であるといいます。
△ABCと△DEFが相似であることは，記号∽を用いて
△ABC∽△DEFと表されます。

相似な図形の性質…
相似な2つの図形で，対応する角の大きさはそれぞれ等しくなります。
また，対応する線分の長さの比はすべて等しく，これを**相似比**といいます。

例1　右の図において，△ABC∽△DEFのとき，
対応する角の大きさは等しいから，

$\angle DEF = \angle ABC = 36^\circ$

です。

また，対応する辺の長さの比は等しいから，

AB：DE＝AC：DF

$6 : 9 = 4 : x$

$6x = 36$ ←$a : b = c : d$ ならば，$ad = bc$

$x = 6$

よって，DF＝6cmとなります。

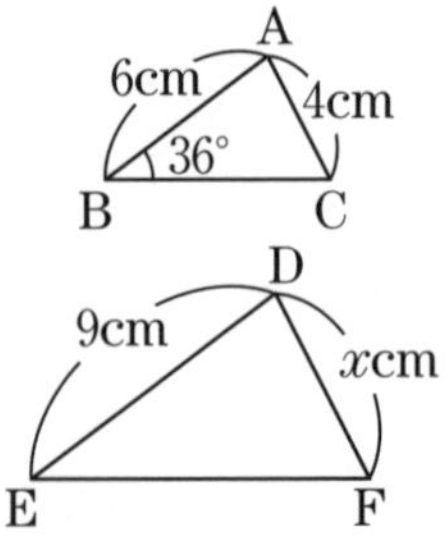

テスト　例1の△ABCと△DEFについて，次の問いに答えなさい。

(1) $\angle ACB = 70^\circ$ のとき，$\angle FDE$ の大きさは何度ですか。

(2) △ABCと△DEFの相似比を求めなさい。

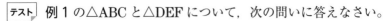

答え　(1) 74°　　(2) 2：3

2 三角形の相似条件

チェック!

三角形の相似条件…

2つの三角形は，次の条件のうち，いずれかが成り立つとき，相似になります。

① 3組の辺の比がすべて等しい。

$a : d = b : e = c : f$

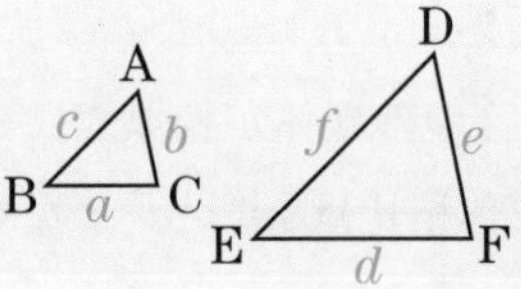

② 2組の辺の比とその間の角がそれぞれ等しい。

$a : d = c : f$，∠B＝∠E

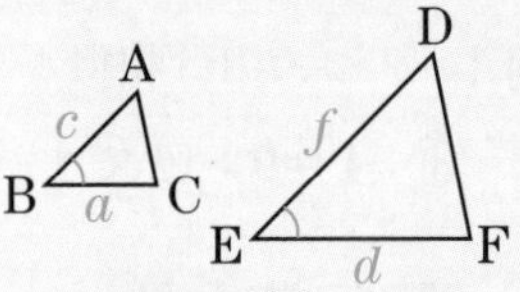

③ 2組の角がそれぞれ等しい。

∠B＝∠E，∠C＝∠F

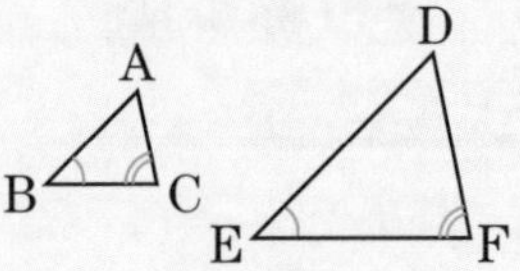

例1 右の図のように，2つの線分AB，CDが点Pで交わっているとき，△PACと△PBDで，

PA：PB＝PC：PD＝1：2 …①

また，対頂角は等しいから，

∠APC＝∠BPD …②

①，②より，2組の辺の比とその間の角がそれぞれ等しいから，△PAC∽△PBDとなります。△PACと△PBDの相似比は，1：2です。

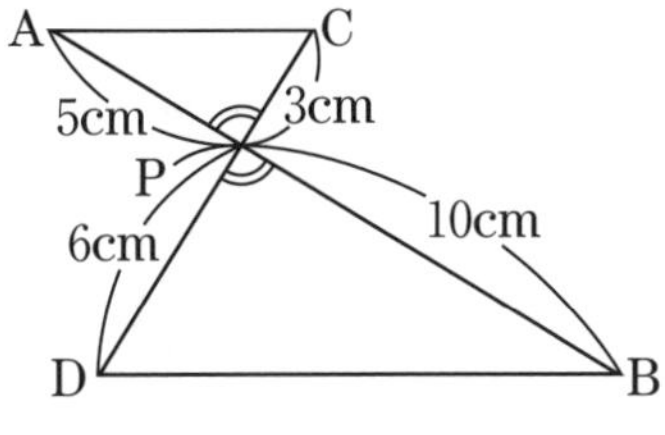

テスト 右の図で，AB∥CDのとき，相似な三角形を，記号∽を用いて表しなさい。また，そのとき用いる相似条件を答えなさい。

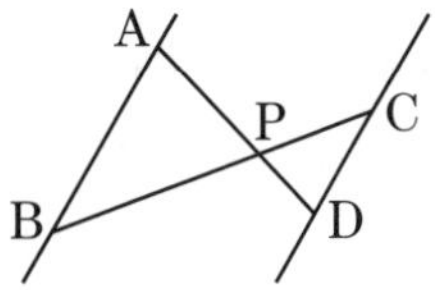

答え △ABP∽△DCP，2組の角がそれぞれ等しい。

3 相似な図形の面積比と体積比

☑チェック!

相似な図形の面積比…

2つの図形が相似で，その相似比が $m:n$ のとき，面積比は $m^2:n^2$ となります。

相似な立体の表面積比，体積比…

2つの立体が相似で，その相似比が $m:n$ のとき，表面積比は $m^2:n^2$，体積比は $m^3:n^3$ となります。

例１　2つの円は相似なので，半径 3cm の円と半径 4cm の円の面積比は，$3^2:4^2=9:16$ です。

4 平行線と比

☑チェック!

三角形と比…

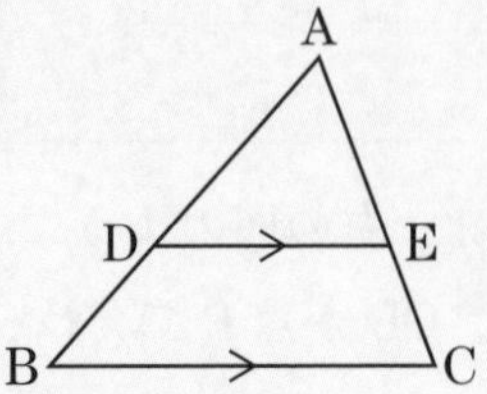

△ABC の辺 AB，AC 上にそれぞれ点 D，E があるとき，次の①，②が成り立ちます。

① DE∥BC ならば，
AD：AB＝AE：AC＝DE：BC

② DE∥BC ならば，AD：DB＝AE：EC

三角形と比の定理の逆…△ABC の辺 AB，AC 上にそれぞれ点 D，E があるとき，次の①，②が成り立ちます。

① AD：AB＝AE：AC ならば，DE∥BC

② AD：DB＝AE：EC ならば，DE∥BC

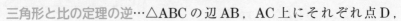

例１　右の図で，PQ∥BC のとき，
AP：PB＝AQ：QC より，AP：8＝6：12
よって，AP＝4cm となります。

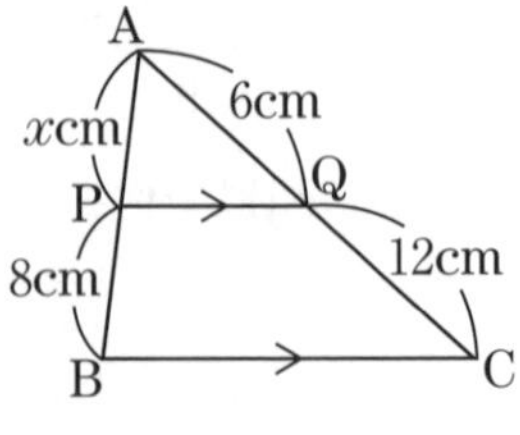

☑チェック！

中点連結定理…△ABCの辺AB，ACの中点をそれぞれM，Nとすると，次の①，②が成り立ちます。

① MN∥BC

② $MN=\frac{1}{2}BC$

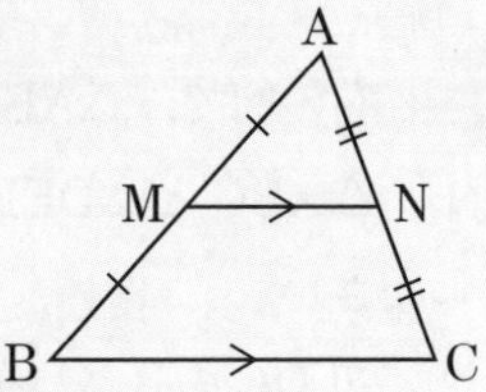

例１　右の図で，点M，Nがそれぞれ辺AB，ACの中点のとき，中点連結定理よりMN∥BCとなるから，

$MN=\frac{1}{2}BC=\frac{1}{2}\times 6=3(\text{cm})$

また，同位角が等しいので，

∠ANM＝∠ACB＝39°

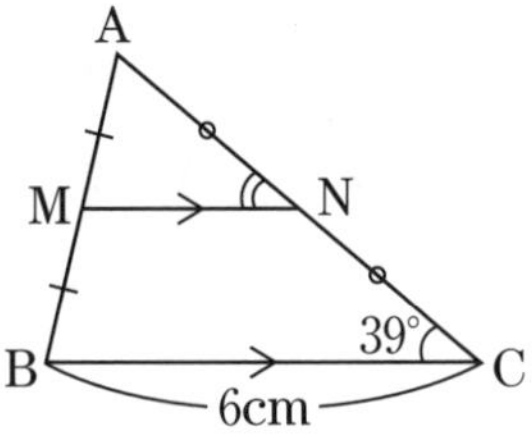

☑チェック！

平行線と比…右の図で，$\ell /\!/ m /\!/ n$ のとき，次の①，②が成り立ちます。

① $a:b=a':b'$

② $a:a'=b:b'$

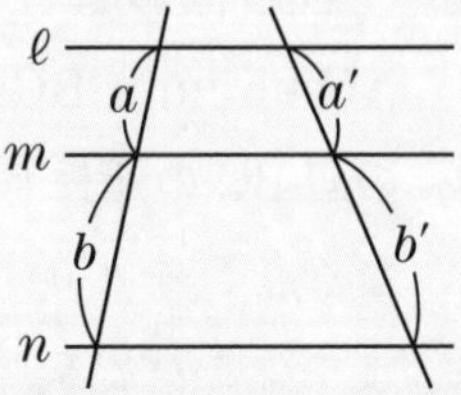

例１　右の図で，$\ell /\!/ m /\!/ n$ のとき，線分の長さについて，

$5:3=4:x$

$5x=12$

よって，$x=\frac{12}{5}$ です。

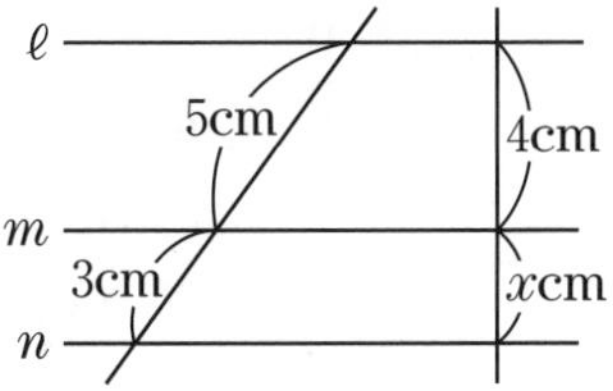

基本問題

1 右の図で，$\triangle ABC \backsim \triangle DEF$ です。

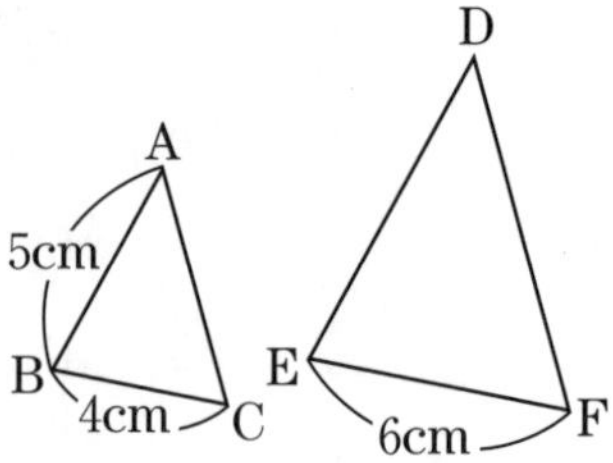

(1) $\triangle ABC$ と $\triangle DEF$ の相似比(そうじひ)を求めなさい。

(2) 辺 DE の長さは何 cm ですか。

(3) $\triangle ABC$ の面積が 8cm^2 のとき，$\triangle DEF$ の面積を求めなさい。

解き方 (1) 相似比は BC：EF に等しく，$4:6=2:3$ 　**答え** $2:3$

(2) 辺 AB と辺 DE が対応しているから，$AB:DE=2:3$

よって，$DE=\frac{15}{2}\text{cm}$ 　**答え** $\frac{15}{2}\text{cm}$

(3) $\triangle ABC$ と $\triangle DEF$ の面積比は，$2^2:3^2=4:9$

よって，$\triangle DEF$ の面積は，$8\times\frac{9}{4}=18(\text{cm}^2)$ 　**答え** 18cm^2

重要
2 右の図のように，AB＝12cm，AC＝6cm，BC＝9cm の $\triangle ABC$ の辺 BC の延長上に，CD＝7cm となる点 D をとり，点 A と D を結びます。このとき，$\triangle ABC \backsim \triangle DBA$ であることを証明しなさい。

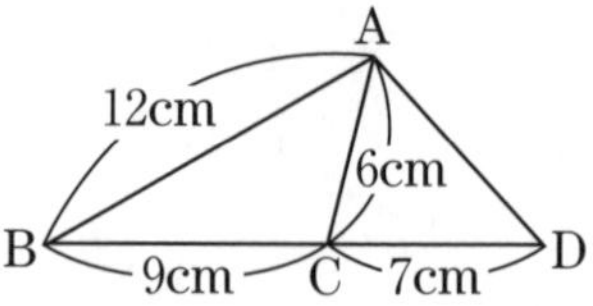

解き方 三角形の相似条件「2 組の辺の比とその間の角がそれぞれ等しい」が使えます。

答え $\triangle ABC$ と $\triangle DBA$ において，

$AB:DB=12:(9+7)=3:4$ …①

$BC:BA=9:12=3:4$ …②

①，②より，$AB:DB=BC:BA$ …③

また，共通であるから，$\angle ABC=\angle DBA$ …④

③，④より，2 組の辺の比とその間の角がそれぞれ等しいので，

$\triangle ABC \backsim \triangle DBA$

重要 **3** 下の図で，DE // BC のとき，x，y の値（あたい）を求めなさい。

(1)

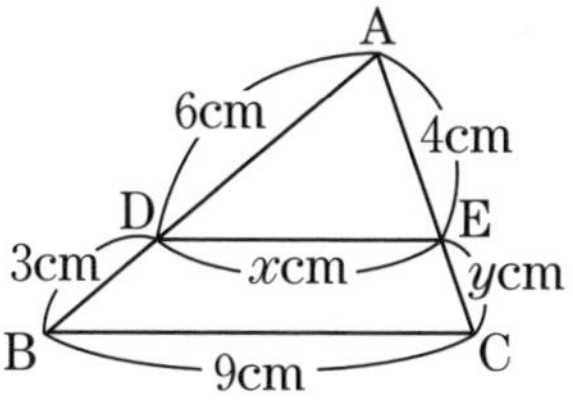

(2)

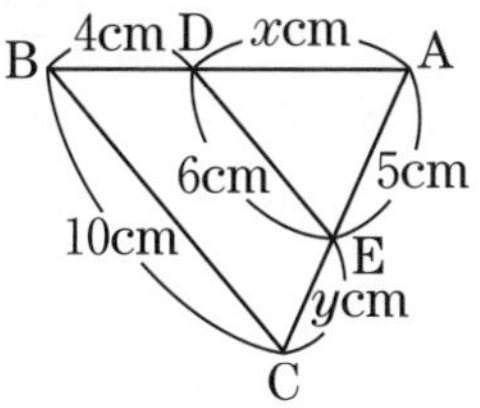

ポイント DE // BC ならば，AD：AB＝AE：AC＝DE：BC
AD：DB＝AE：EC

解き方 (1) $6:(6+3)=x:9$

$9x=54$

$x=6$

$6:3=4:y$

$6y=12$

$y=2$

答え $x=6$，$y=2$

(2) $x:(x+4)=6:10$

$10x=6(x+4)$

$4x=24$

$x=6$

$5:y=6:4$

$20=6y$

$y=\frac{10}{3}$

答え $x=6$，$y=\frac{10}{3}$

重要 **4** 下の図で，ℓ // m // n のとき，x の値を求めなさい。

(1)

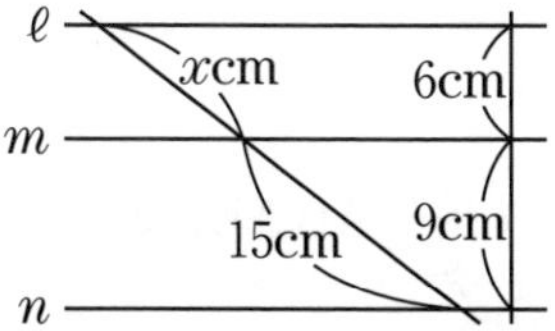

(2)

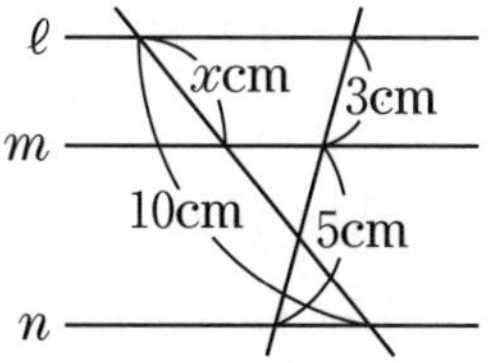

解き方 (1) $x:15=6:9$

$9x=90$

$x=10$

答え $x=10$

(2) $x:(10-x)=3:5$

$5x=3(10-x)$

$8x=30$

$x=\frac{15}{4}$

答え $x=\frac{15}{4}$

応用問題

1 右の図のような，相似（そうじ）な円柱の形の缶に入ったトマトの水煮2種類が売られています。600円で，Aを6缶買うのと，Bを2缶買うのとでは，中身はどちらが多いですか。

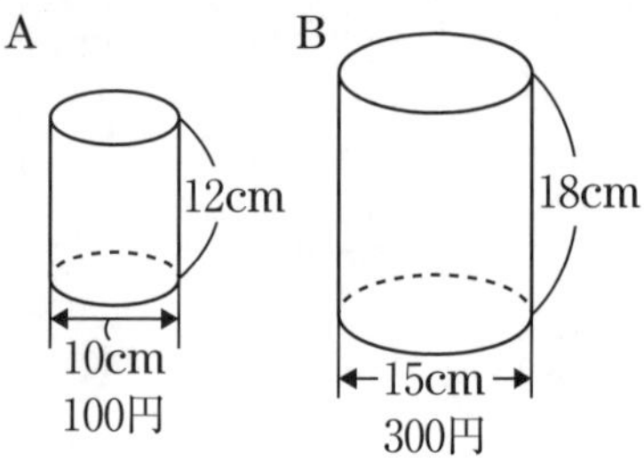

ポイント　相似比が $m:n$ の立体の体積比は，$m^3:n^3$

解き方　A，Bの相似比は $10:15=2:3$ だから，A，Bの体積比は，

$2^3:3^3=8:27$

よって，A6缶とB2缶の体積比は，

$8\times6:27\times2=48:54=8:9$

したがって，Bを2缶買うほうが中身が多い。　答え　Bを2缶

重要 **2** AB＝6cm，BC＝8cmの平行四辺形ABCDの辺AD，BC上に，AB∥EFとなるように点E，Fをそれぞれとります。四角形ABFE，EFCDの対角線の交点をそれぞれP，Qとするとき，線分PQの長さを求めなさい。

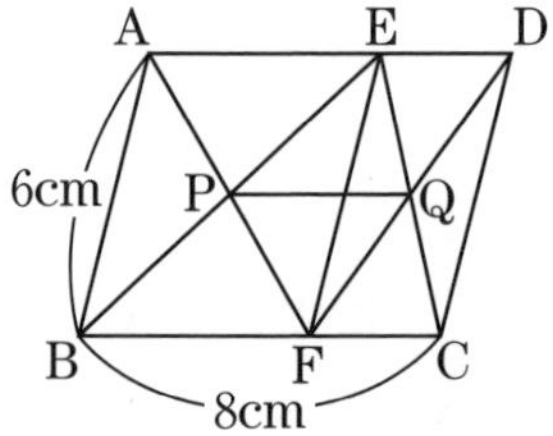

解き方　四角形ABCDが平行四辺形であることとAB∥EFより，四角形ABFE，EFCDはともに平行四辺形である。

よって，平行四辺形ABFE，EFCDの対角線はそれぞれの中点で交わるので，点P，Qはそれぞれ線分EB，ECの中点である。

したがって，△EBCにおいて，中点連結定理より，

$PQ=\frac{1}{2}BC=\frac{1}{2}\times8=4(cm)$　答え　4cm

発展問題

1 右の図のように，平行四辺形 ABCD の辺 AD，AB，BC 上にそれぞれ点 M，P，Q があり，線分 BM と PQ の交点を S とします。点 M は辺 AD の中点，AP：PB＝1：2，BQ：QC＝2：1 のとき，MS：SB をもっとも簡単な整数の比で表しなさい。

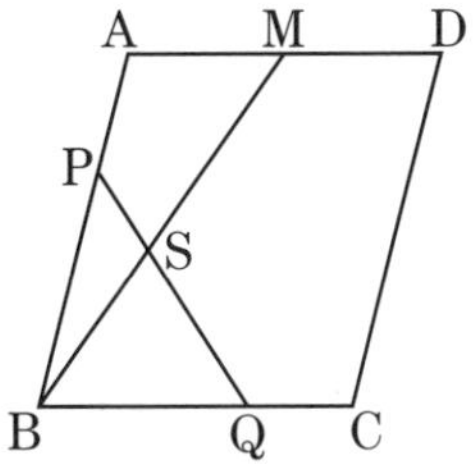

考え方 補助線をひき，三角形と比を使います。

解き方 線分 AD と PQ を延長し，その交点を R とする。

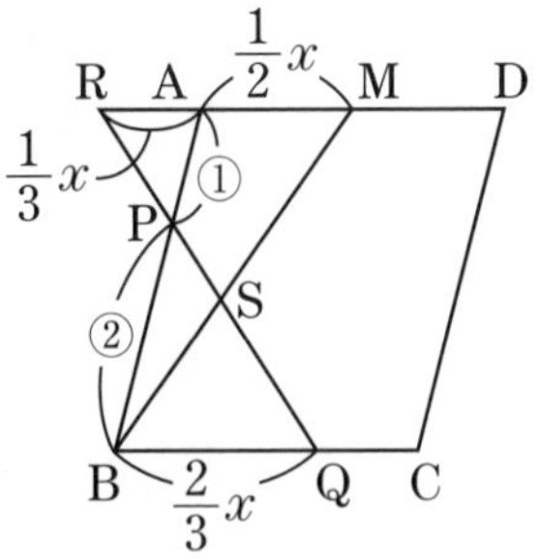

四角形 ABCD は平行四辺形なので，AD＝BC より，これを x とおくと，

$AM=\frac{1}{2}AD=\frac{1}{2}x$

$BQ=\frac{2}{3}BC=\frac{2}{3}x$

RA // BQ より，RA：BQ＝AP：PB

$RA:\frac{2}{3}x=1:2$

$2RA=\frac{2}{3}x$

$RA=\frac{1}{3}x$

したがって，

$RM=RA+AM=\frac{1}{3}x+\frac{1}{2}x=\frac{5}{6}x$

ここで，RM // BQ より，MS：SB＝RM：BQ

$MS:SB=\frac{5}{6}x:\frac{2}{3}x=5:4$

答え 5：4

練習問題

答え：別冊 p.32 ～ p.34

1 右の図のように，正三角形 ABC の辺 AB，BC，CA 上にそれぞれ点 P，Q，R を，∠PQR＝60° となるようにとります。次の問いに答えなさい。

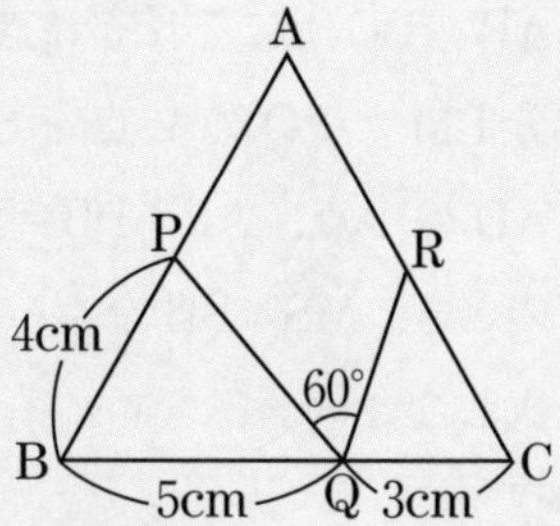

(1) △PBQ∽△QCR であることを証明しなさい。

(2) PB＝4cm，BQ＝5cm，QC＝3cm のとき，線分 CR の長さは何 cm ですか。

2 右の図のような，AB＝10cm の△ABC の辺 AB 上に，AP＝4cm となるように点 P をとります。また，辺 BC，AC 上にそれぞれ点 Q，R を，PQ∥AC，PR∥BC となるようにとります。次の問いに答えなさい。

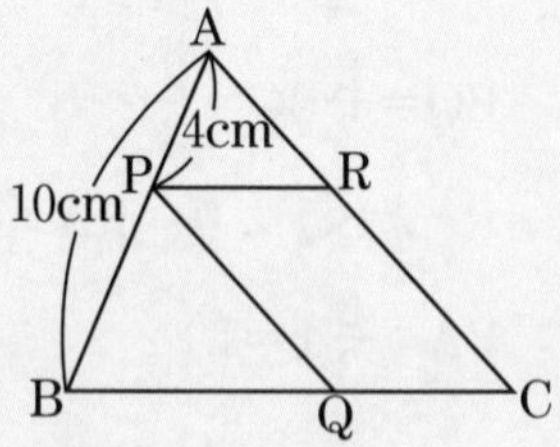

(1) △ABC の面積は，△APR の面積の何倍ですか。

(2) 平行四辺形 PQCR の面積は，△APR の面積の何倍ですか。

重要
3　右の図のように，高さが 15cm の円錐の形をした容器があります。この容器を頂点を下にして底面が水平になるように置き，200cm^3 の水を入れると，容器の頂点から水面までの高さが 6cm になりました。このとき，この容器にはあと何 cm^3 の水を入れることができますか。ただし，容器の厚さは考えないものとします。

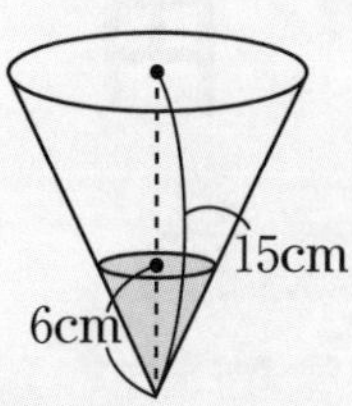

重要
4　次の図で，BC // DE のとき，x，y の値を求めなさい。

(1)

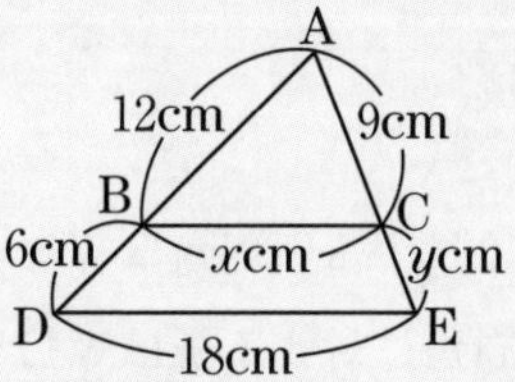

(2)

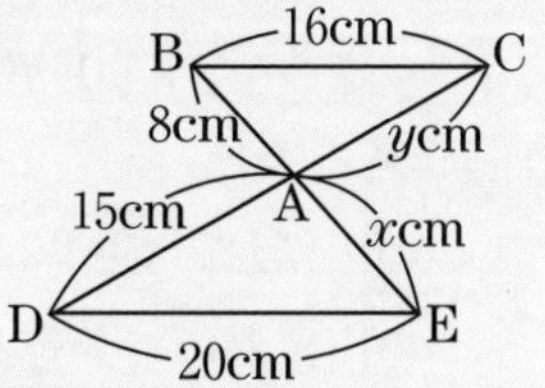

重要
5　次の図で，ℓ // m // n のとき，x の値を求めなさい。

(1)

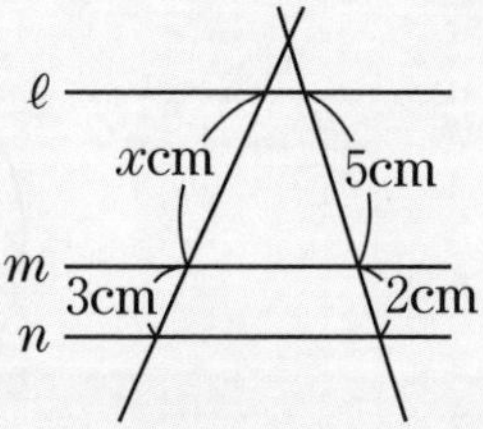

(2)

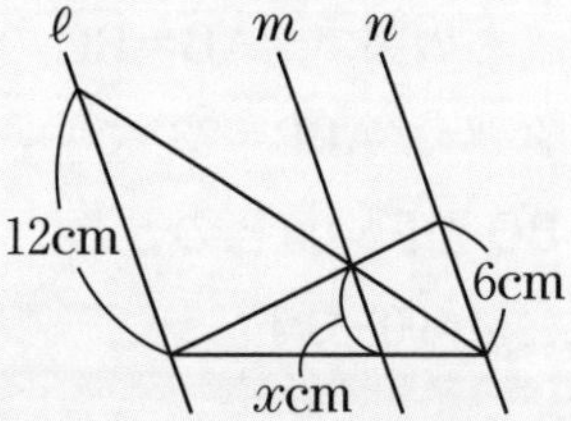

6　右の図のように，AB＝13cm，AC＝9cm の△ABC の辺 BC の中点を M とします。頂点 C から∠A の二等分線に垂直な直線をひき，∠A の二等分線との交点を H，直線 CH と辺 AB との交点を P とします。このとき，線分 MH の長さは何 cm ですか。

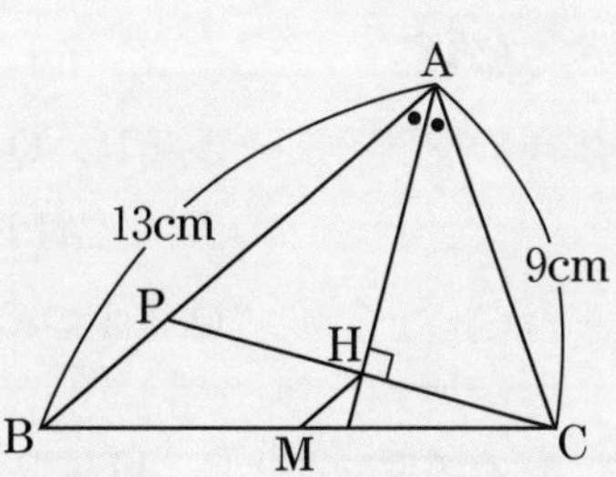

第3章 図形に関する問題

3-7 円

☑チェック！

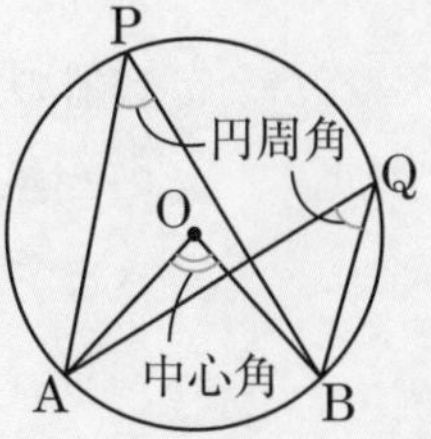

円周角…円の $\overset{\frown}{AB}$ を除く円周上に点Pがあるとき，∠APBを $\overset{\frown}{AB}$ に対する円周角といいます。右の図では，∠AQBも $\overset{\frown}{AB}$ に対する円周角です。

円周角の定理…１つの弧に対する円周角の大きさは一定で，その弧に対する中心角の大きさの半分です。

弧と円周角…

① １つの円において，等しい弧に対する円周角は等しくなります。

② １つの円において，等しい円周角に対する弧は等しくなります。

直径と円周角…半円の弧に対する円周角の大きさは90°です。

例１　右の図で，$\overset{\frown}{AB}=\overset{\frown}{BC}$ のとき，
$\angle x=\angle APB=28°$ です。また，
BQが円の直径のとき，
$\angle y=90°$ です。

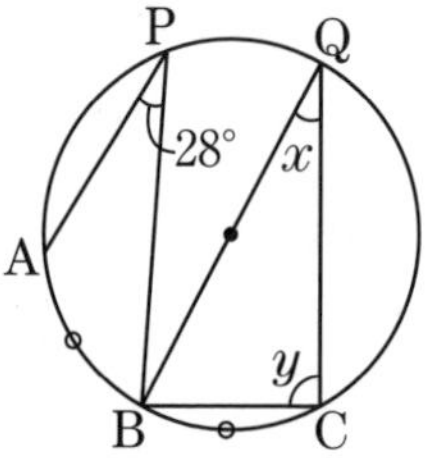

☑チェック！

円周角の定理の逆…２点P，Qが直線ABに対して同じ側にあるとき，∠APB＝∠AQBならば，４点A，B，P，Qは１つの円周上にあります。

例１　右の図で，２点P，Qは直線ABに対して同じ側にあり，∠APB＝∠AQB＝60°なので，４点A，B，P，Qは１つの円周上にあります。

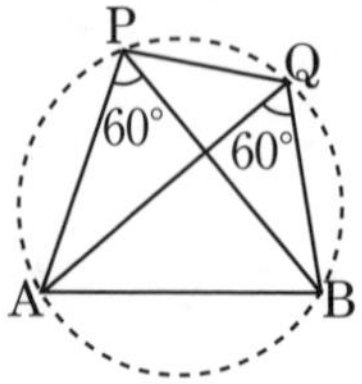

基本問題

重要 **1** 次の図で，$\angle x$ の大きさは何度ですか。ただし，O は円の中心です。

(1)

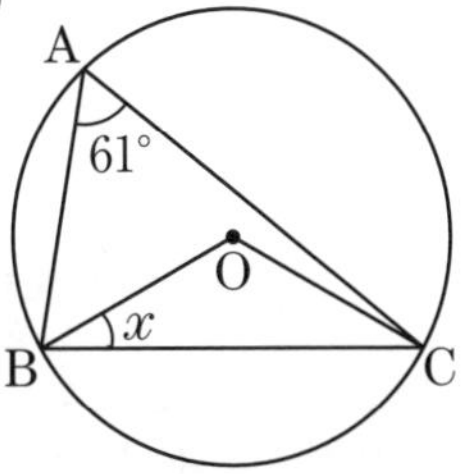

(2)

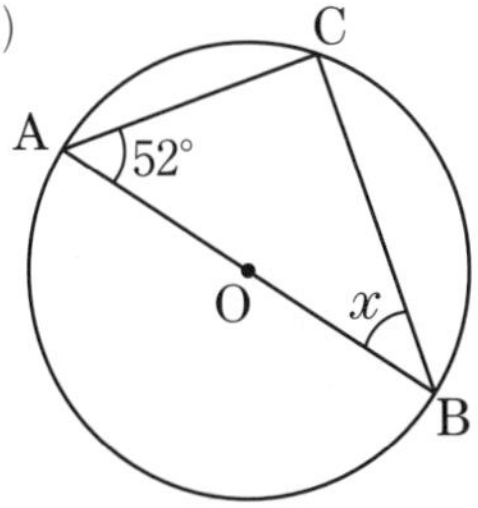

(3)

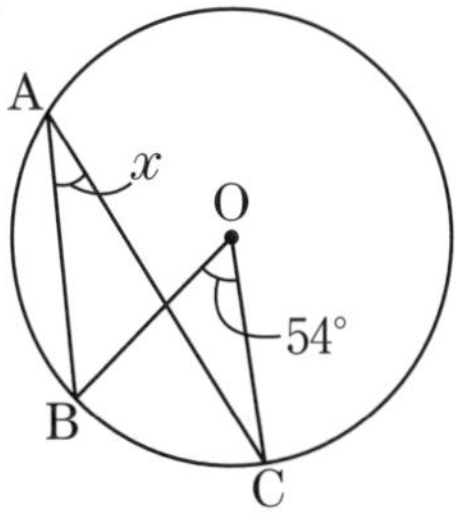

ポイント
(1)中心角の大きさは，同じ弧に対する円周角の大きさの 2 倍です。
(2)半円の弧に対する円周角の大きさは 90° です。
(3)円周角の大きさは，同じ弧に対する中心角の大きさの半分です。

解き方 (1)　$\angle$BAC は $\overset{\frown}{\mathrm{BC}}$ に対する円周角，$\angle$BOC は同じ弧に対する中心角なので，

$\angle \mathrm{BOC}=2\angle \mathrm{BAC}=2\times61^\circ=122^\circ$

$\triangle$OBC は OB＝OC の二等辺三角形なので，

$\angle x=\dfrac{1}{2}\times(180^\circ-122^\circ)=29^\circ$

答え　29°

(2)　線分 AB は円の直径なので，$\angle \mathrm{BCA}=90^\circ$

三角形の内角の和は 180° なので，

$\angle x=180^\circ-(90^\circ+52^\circ)=38^\circ$

答え　38°

(3)　$\angle x$ は $\overset{\frown}{\mathrm{BC}}$ に対する円周角，$\angle$BOC は同じ弧に対する中心角なので，

$\angle x=\dfrac{1}{2}\angle \mathrm{BOC}=\dfrac{1}{2}\times54^\circ=27^\circ$

答え　27°

2 右の図で，$\overset{\frown}{AB}:\overset{\frown}{BC}=1:2$ のとき，
$\angle x$ の大きさは何度ですか。

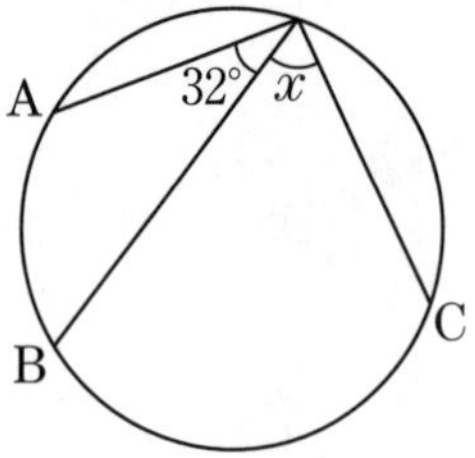

> **ポイント** 1つの円において，弧（こ）の長さの比とそれらの弧に対する円周角の比は等しいです。

解き方 $\overset{\frown}{AB}:\overset{\frown}{BC}=1:2$ より，$32:x=1:2$
よって，$\angle x=2\times32^\circ=64^\circ$

答え 64°

3 次の㋐～㋒で，4点A，B，C，Dが1つの円周上にあるのはどれですか。

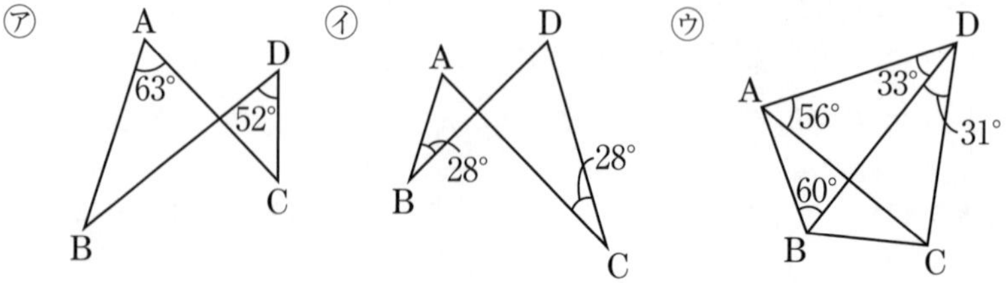

解き方 ㋐…直線BCに対して同じ側にある2点A，Dについて，$\angle$BACと$\angle$BDCは等しくないから，4点A，B，C，Dは1つの円周上にはない。

㋑…2点B，Cは直線ADに対して同じ側にあり，
$\angle ABD=\angle ACD$ が成り立つから，円周角の定理の逆より，4点A，B，C，Dは1つの円周上にある。

㋒…△ABDにおいて，三角形の内角の和は180°だから，
$\angle BAC=180^\circ-(56^\circ+60^\circ+33^\circ)=31^\circ$
よって，2点A，Dは直線BCに対して同じ側にあり，
$\angle BAC=\angle BDC$ が成り立つから，円周角の定理の逆より，4点A，B，C，Dは1つの円周上にある。

答え ㋑，㋒

応用問題

重要
1 右の図のように，円周上に3点A，B，Cをとり，△ABCをつくります。$\overset{\frown}{BD}=\overset{\frown}{DC}$となるように点Dをとり，線分ADが辺BCと交わる点をEとします。このとき，△ABD∽△AECであることを証明しなさい。

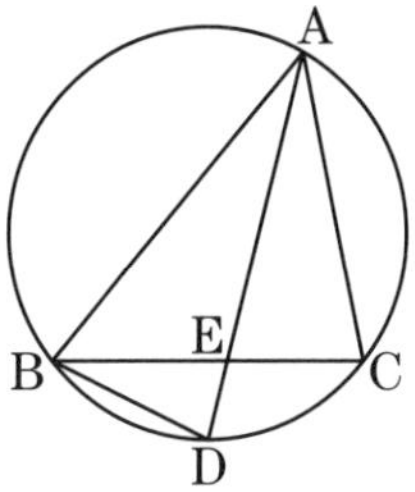

解き方 円周角の定理を利用し，△ABDと△AECの2組の角がそれぞれ等しいことを示す。

答え △ABDと△AECにおいて，
$\overset{\frown}{BD}=\overset{\frown}{DC}$より，∠BAD＝∠EAC …①
$\overset{\frown}{AB}$に対する円周角より，∠BDA＝∠ECA …②
①，②より，2組の角がそれぞれ等しいので，△ABD∽△AEC

2 右の図のように，円Oの外に点Aがあります。このとき，点Aを通る円Oの接線を作図しなさい。

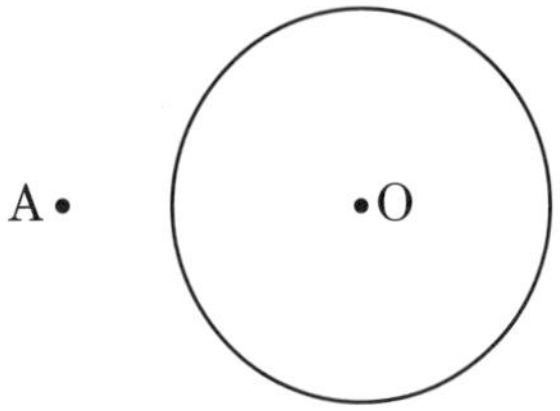

考え方
円の接線は，その接点を通る円の半径に垂直であることに注目し，半円の弧に対する円周角が90°となることを使って作図します。

解き方 ① 線分AOをひき，点A，Oを中心として等しい半径の円をかき，その交点をB，Cとする。
② 直線BCと線分AOの交点をO′とする。
③ 点O′を中心として半径O′Oの円をかき，円Oとの交点をP，Qとする。
④ 直線AP，AQをひく。 答え

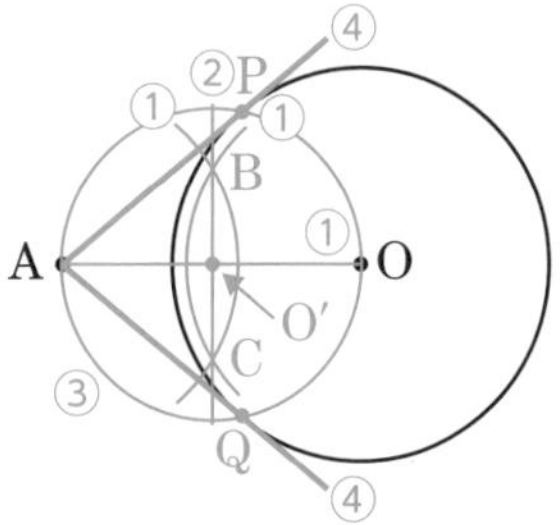

発展問題

1 右の図のように，正三角形 ABC と円があります。この円周上に，∠BPC＝60° をみたす点 P を作図しなさい。ただし，点 P は直線 BC の上側にあるものとします。

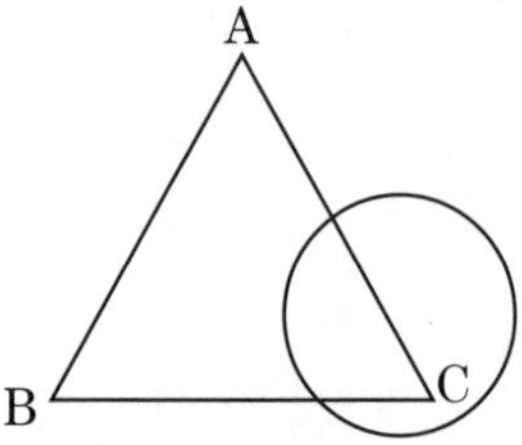

考え方 3 点 A，B，C を通る円について，$\overset{\frown}{BC}$ に対する円周角の大きさが 60° となることに注目します。

解き方 ① 点 B，C を中心として等しい半径の円をかき，その交点を D，E とする。

② 直線 DE をひく。

③ 点 A，B を中心として等しい半径の円をかき，その交点を F，G とする。

④ 直線 FG をひき，直線 DE との交点を O とする。

↑ 点 O は 3 点 A，B，C を通る円の中心

⑤ 点 O を中心として半径 OA の円をかくと，もとの円と交わる点のうち直線 BC より上側にある点が，求める点 P である。

↑ ∠BAC，∠BPC は，円 O において $\overset{\frown}{BC}$ に対する円周角になるので，∠BAC＝∠BPC＝60°

答え

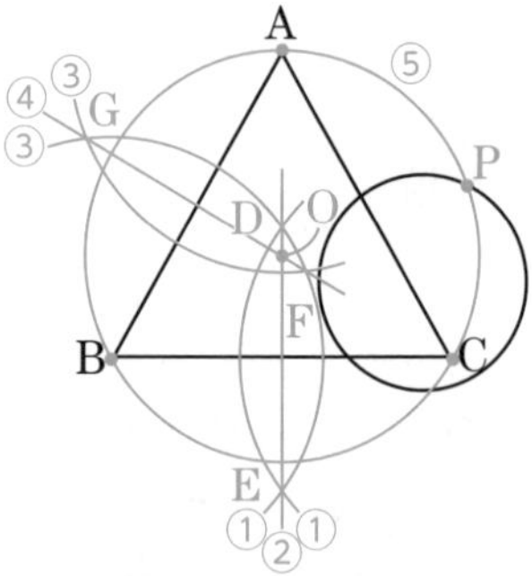

練習問題

答え：別冊 p.35 ～ p.36

重要
1 次の図で，$\angle x$ の大きさは何度ですか。ただし，点O は円の中心です。

(1) (2) (3)

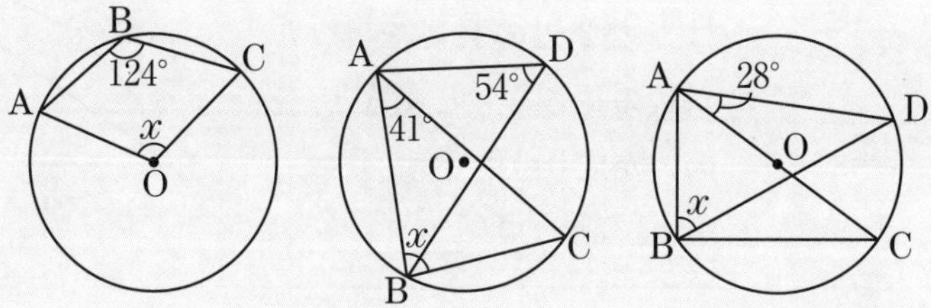

2 右の図で，点A，B，C，D，E，F，G，H，I，J は円周を 10 等分する点です。このとき，$\angle x$，$\angle y$ の大きさをそれぞれ求めなさい。

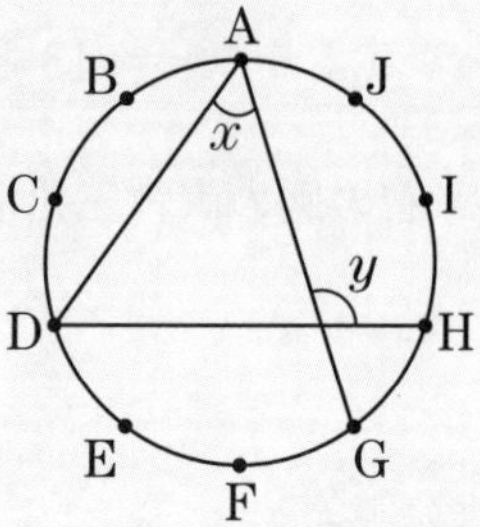

3 右の図で，△ABC，△DEC はともに正三角形で，点F は直線AD，BE の交点です。このとき，4点A，B，C，F は1つの円周上にあることを証明しなさい。

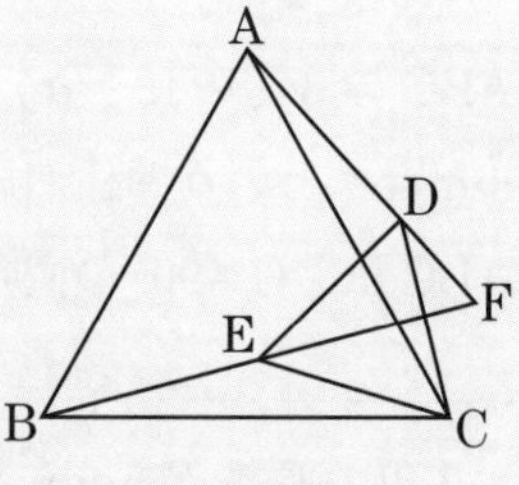

3-8 三平方の定理

1 三平方の定理

☑チェック!

三平方の定理…直角三角形において，直角をはさむ2辺の長さを a，b，斜辺(しゃへん)の長さを c とすると，次の式が成り立ちます。

$a^2+b^2=c^2$

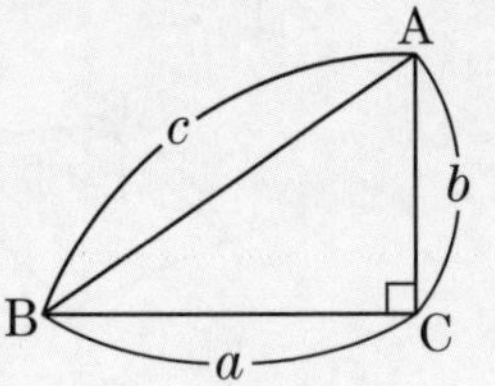

例1　右の図の直角三角形で，三平方の定理より，
$x^2=3^2+2^2=13$ だから，$x=\pm\sqrt{13}$
$x>0$ より，$x=\sqrt{13}$ となります。

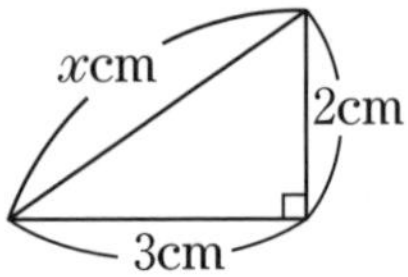

テスト　右の図の直角三角形で，x の値(あたい)を求めなさい。

答え　$x=2\sqrt{5}$

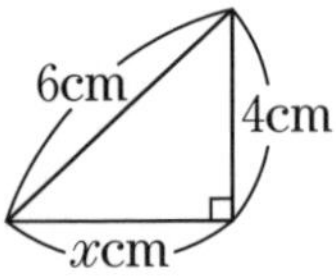

☑チェック!

三平方の定理の逆…
△ABC の3辺の長さ a，b，c の間に
$a^2+b^2=c^2$ という関係が成り立つならば，
△ABC は∠C=90° の直角三角形です。

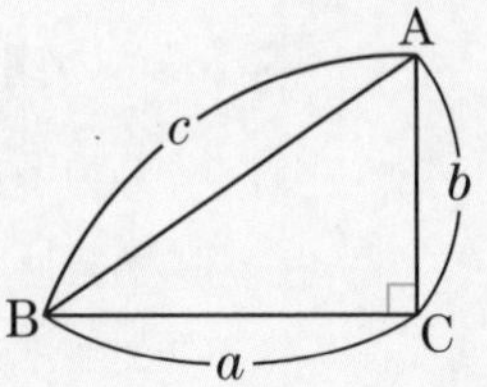

例1　3辺の長さが5cm，12cm，13cm の三角形は，$a=5$，$b=12$，$c=13$ とすると，$a^2+b^2=5^2+12^2=169$，$c^2=13^2=169$ より，$a^2+b^2=c^2$ という関係が成り立つので，直角三角形です。

例2　3辺の長さが6cm，7cm，9cm の三角形は，$a=6$，$b=7$，$c=9$ とすると，$a^2+b^2=6^2+7^2=85$，$c^2=9^2=81$ より，$a^2+b^2=c^2$ という関係が成り立たないので，直角三角形ではありません。

2 三平方の定理の利用

☑ チェック!

いろいろな長さを求めること

図形の中に直角三角形をつくると，三平方の定理を利用して，いろいろな長さや距離（きょり）を求めることができます。たとえば，正三角形の中に直角三角形をつくることで正三角形の高さを求めたり，正方形の中に直角三角形をつくることで正方形の対角線の長さを求めたりすることができます。

特別な直角三角形の3辺の長さの比

3つの角が90°，45°，45°である直角三角形と，90°，60°，30°である直角三角形の3辺の長さの比は，それぞれ右の図のようになります。

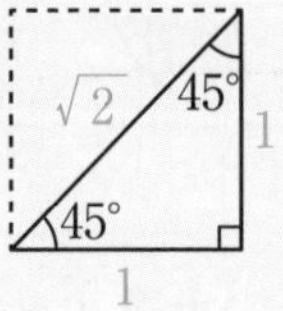

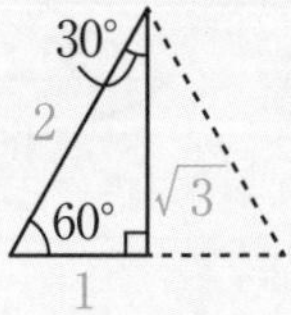

例1　縦5cm，横6cmの長方形の対角線の長さ$x$cm

$x^2=6^2+5^2$

$=61$

$x=\pm\sqrt{61}$

$x>0$ より，$x=\sqrt{61}$

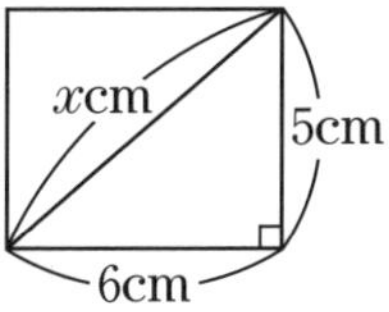

例2　底面の半径が12cm，母線の長さが13cmである円錐（えんすい）の高さ$x$cm

$12^2+x^2=13^2$

$x^2=25$

$x=\pm5$

$x>0$ より，$x=5$

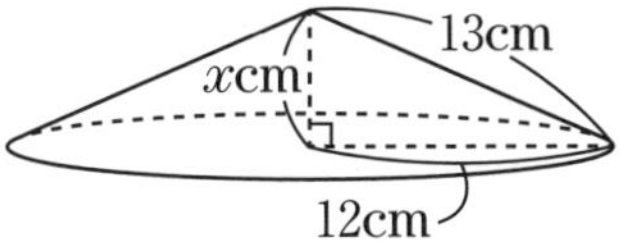

例3　原点Oと点A(10，5)との距離OA

$OA^2=10^2+5^2$

$=125$

$OA=\pm5\sqrt{5}$

$OA>0$ より，$OA=5\sqrt{5}$

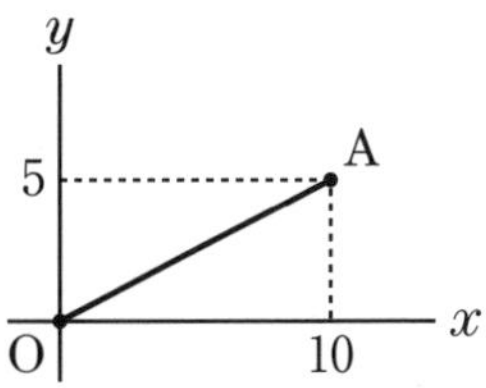

基本問題

重要 **1**　下の図の直角三角形で，x の値（あたい）を求めなさい。

(1)

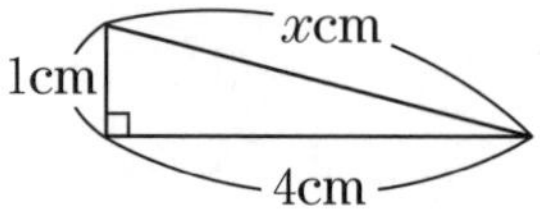

(2)

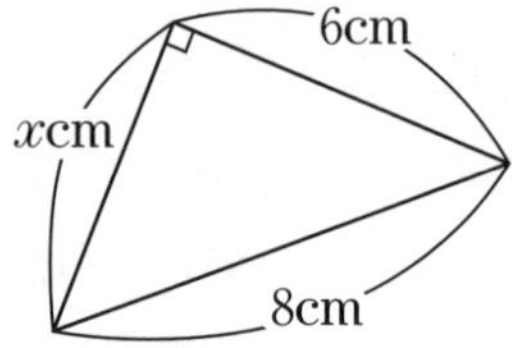

(3)

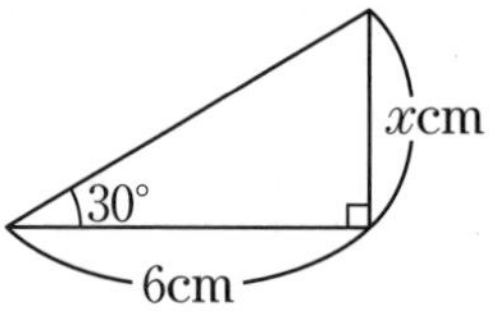

(4)

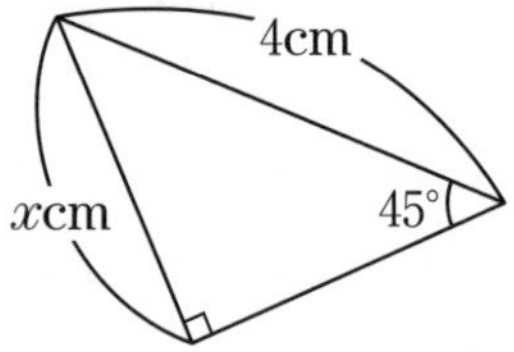

ポイント
(1)(2)三平方の定理 $a^2+b^2=c^2$
(3) 3 辺の長さの比は，$1:2:\sqrt{3}$
(4) 3 辺の長さの比は，$1:1:\sqrt{2}$

解き方 (1)　三平方の定理より，$1^2+4^2=x^2$

$$x^2=17$$

$$x=\pm\sqrt{17}$$

$x>0$ より，$x=\sqrt{17}$　　**答え** $x=\sqrt{17}$

(2)　三平方の定理より，$x^2+6^2=8^2$

$$x^2=28$$

$$x=\pm 2\sqrt{7}$$

$x>0$ より，$x=2\sqrt{7}$　　**答え** $x=2\sqrt{7}$

(3)　30° の角をもつ直角三角形だから，$x:6=1:\sqrt{3}$ より，$\sqrt{3}x=6$

よって，$x=\dfrac{6}{\sqrt{3}}=\dfrac{6\sqrt{3}}{3}=2\sqrt{3}$　　**答え** $x=2\sqrt{3}$

(4)　45° の角をもつ直角三角形だから，$x:4=1:\sqrt{2}$ より，$\sqrt{2}x=4$

よって，$x=\dfrac{4}{\sqrt{2}}=\dfrac{4\sqrt{2}}{2}=2\sqrt{2}$　　**答え** $x=2\sqrt{2}$

重要
2 縦 2cm，横 4cm の長方形の対角線の長さを求めなさい。

ポイント 縦，横の長さがそれぞれ a，b の長方形の対角線の長さは，
$\sqrt{a^2+b^2}$

解き方 対角線の長さは，
$\sqrt{2^2+4^2}=\sqrt{20}=2\sqrt{5}$ (cm)　　答え $2\sqrt{5}$ cm

3 縦 3cm，横 4cm，高さ 2cm の直方体の対角線の長さを求めなさい。

ポイント 縦，横，高さがそれぞれ a，b，c の直方体の対角線の長さは，
$\sqrt{a^2+b^2+c^2}$

解き方 対角線の長さは，
$\sqrt{3^2+4^2+2^2}=\sqrt{9+16+4}=\sqrt{29}$ (cm)　　答え $\sqrt{29}$ cm

重要
4 半径 3cm の円の中心 O から弦 AB にひいた垂線 OH の長さが 1cm のとき，弦 AB の長さを求めなさい。

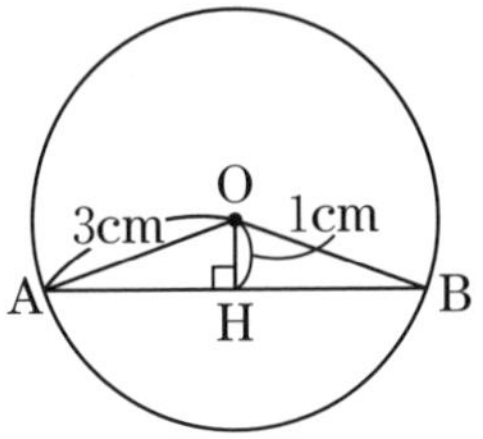

考え方 △OAH で三平方の定理を使います。

解き方 AH=$x$cm とすると，△OAH で三平方の定理より，
$x^2+1^2=3^2$
$x^2=8$
$x=\pm 2\sqrt{2}$
$x>0$ より，$x=2\sqrt{2}$
よって，AB=2AH=$4\sqrt{2}$ (cm)　　答え $4\sqrt{2}$ cm

第3章 図形に関する問題

応用問題

重要

1 右の図は，底面の正方形の１辺が6cm，頂点Oと他の頂点を結ぶ辺の長さがすべて8cmの正四角錐（せいしかくすい）OABCDです。

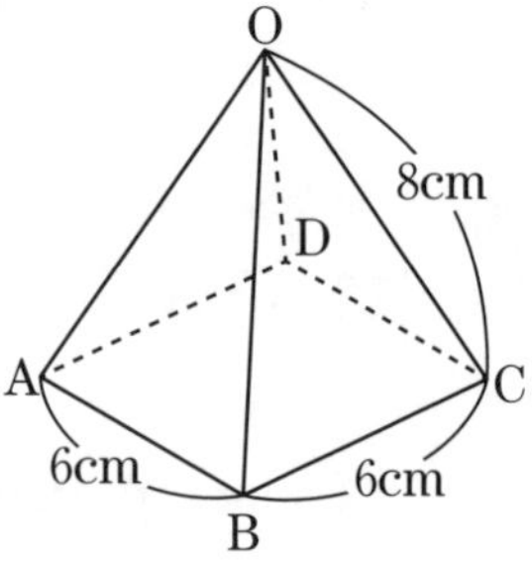

(1) 表面積を求めなさい。

(2) 体積を求めなさい。

考え方

線分ACの中点をHとすると，
線分OHは底面に垂直になります。

解き方 (1) 辺ABの中点をMとすると，AM=3cmであり，
△OABは二等辺三角形より，OM⊥ABだから，
△OAMで三平方の定理より，

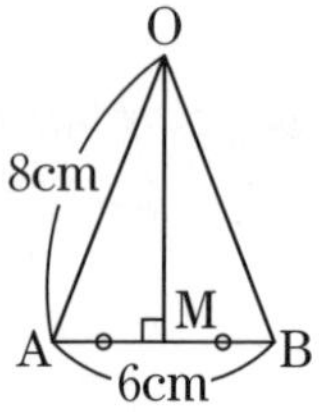

$OM^2+3^2=8^2$

$OM^2=55$

OM>0より，$OM=\sqrt{55}$cm

よって，△OABの面積は，$\frac{1}{2}\times6\times\sqrt{55}=3\sqrt{55}$(cm²)

したがって，表面積は，$4\times3\sqrt{55}+6^2=12\sqrt{55}+36$(cm²)

答え $12\sqrt{55}+36$(cm²)

(2) 線分ACは正方形の対角線だから，
AB：AC=1：$\sqrt{2}$ より，AC=$6\sqrt{2}$cm
線分ACの中点をHとすると，
AH=$3\sqrt{2}$cmであり，OH⊥AHだから，
△OAHで三平方の定理より，

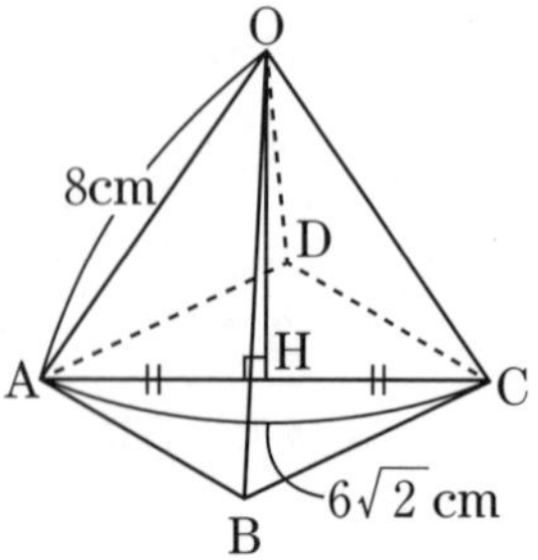

$OH^2+(3\sqrt{2})^2=8^2$

$OH^2=46$

OH>0より，$OH=\sqrt{46}$cm

よって，体積は，$\frac{1}{3}\times6^2\times\sqrt{46}=12\sqrt{46}$(cm³) 答え $12\sqrt{46}$cm³

2 右の図のように，1辺が8cmの正方形の紙ABCDを，頂点Cが辺ADの中点Mに重なるように折ったとき，折り目となる直線と辺CDとの交点をPとします。このとき，線分PMの長さを求めなさい。

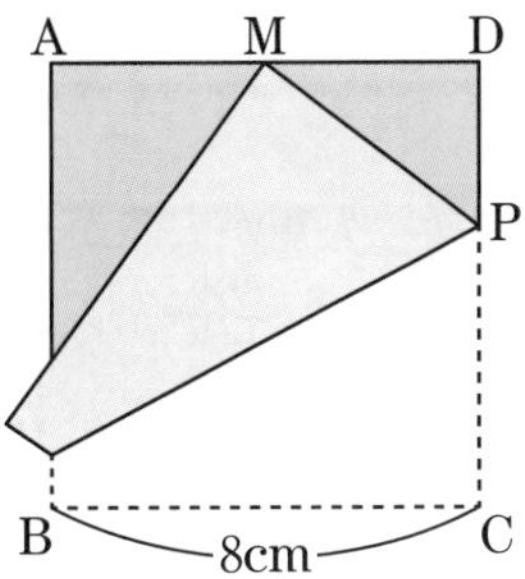

考え方 求めたい長さを x とし，折り返した線分の長さが等しいことを使います。

解き方 PM＝$x$cmとすると，折り返した線分の長さは等しいから，

CP＝$x$cm，DP＝$(8-x)$cm

DM＝4cmだから，△MPDで三平方の定理により，

$$x^2=4^2+(8-x)^2$$

$$x^2=16+64-16x+x^2$$

$$16x=80$$

$$x=5$$

よって，PM＝5cm

答え 5cm

3 直径50cmの丸太から，切り口が正方形のもっとも太い角材を切り取ります。このとき，角材の断面の1辺の長さは何cmですか。

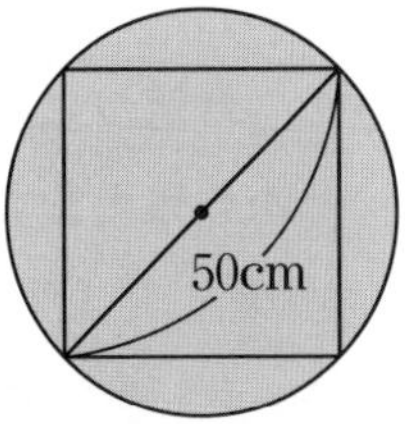

解き方 切り口の正方形の1辺を $x$cmとすると，

$$1:\sqrt{2}=x:50$$

$$\sqrt{2}x=50$$

$$x=\frac{50}{\sqrt{2}}=25\sqrt{2}$$

よって，角材の1辺の長さは，$25\sqrt{2}$cmとなる。

答え $25\sqrt{2}$cm

発展問題

1 人類が大陸から日本列島に渡ってきたルートは複数考えられていますが，台湾（たいわん）から舟で与那国島へ渡り，そこから沖縄本島など各地へ渡ったとする説があります。台湾にいた人は，どうやって与那国島の存在を知ったのでしょうか。

台湾には高い山があるので，標高2000mの地点をTとし，Tから見渡せるもっとも遠い地点をP，地球の中心をOとします。また，その他の条件について以下のようにみなすものとします。

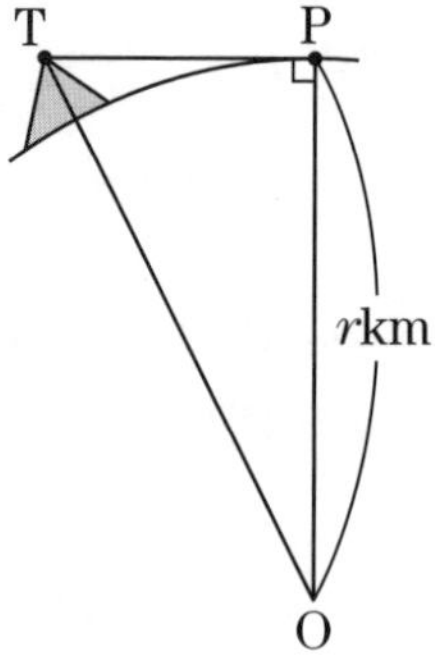

・地球は球状であり，その半径は$r=6378$kmとする。

・T地点の上空と海上は晴れていて，遮（さえぎ）るものはない。

・台湾から与那国島までの地図上での距離（きょり）は，T地点から与那国島を見下ろした距離と等しい。

・与那国島に高い山などはなく，地球上の点である。

(1) TPの長さを求めなさい。

(2) 台湾から与那国島までの距離は約120kmです。与那国島はT地点から見えますか。

解き方 (1) $OT=r+2=6380$(km)であるから，TP$=x$kmとすると，

△TOPにおいて，三平方の定理により，

$$x^2+6378^2=6380^2$$

$$x^2=25516$$

$x>0$より，$x=\sqrt{25516}=2\sqrt{6379}$　　**答え** $2\sqrt{6379}$km

(2) $2\sqrt{6379}=159.7\cdots>120$より，与那国島はT地点から見える。

答え 見える。

練習問題

答え：別冊 p.37 ～ 38

重要 1 次の図で，x の値(あたい)を求めなさい。

(1)

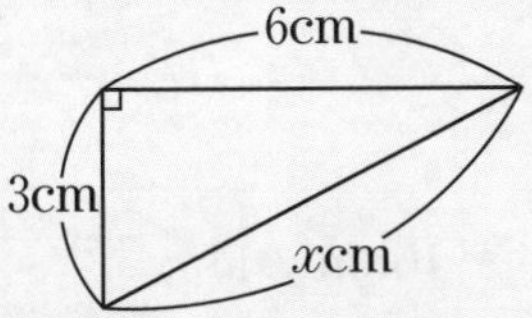

(2)

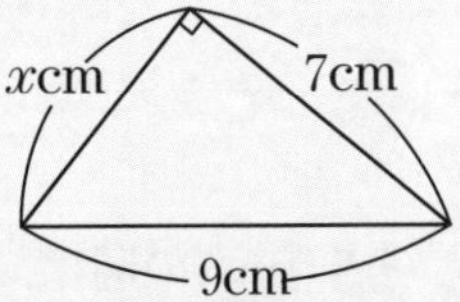

2 次の長さを 3 辺とする三角形のうち，直角三角形はどれですか。下の㋐～㋒までの中からすべて選びなさい。

㋐　6cm，8cm，10cm

㋑　9cm，10cm，13cm

㋒　2cm，$\sqrt{5}$ cm，3cm

重要 3 三角定規は，右の図のように 1 組 2 個の定規を組み合わせると，辺どうしがぴったり重なり合うようになっています。四角形 ABCD で，CD=8cm とするとき，四角形 ABCD の面積を求めなさい。

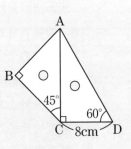

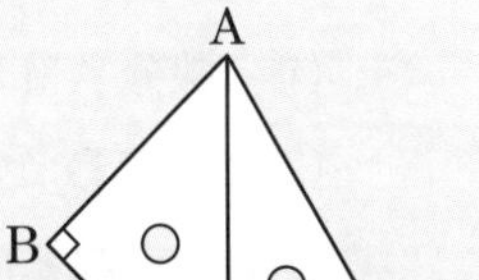

重要

4 右の図のように，底面の円の半径が5cmで，母線の長さが11cmの円錐（えんすい）があります。体積を求めなさい。ただし，円周率はπとします。

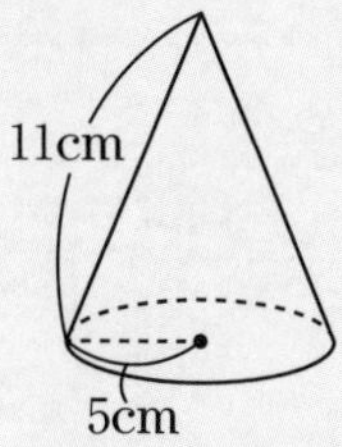

5 右の図は，横の長さが16cmの直方体の箱を真上から見た図で，この箱の中に半径5cmのボールが2個入っています。ボールどうしは接し，それぞれのボールは箱の3つの面に接しているとき，箱の縦の長さを求めなさい。ただし，箱の厚みなどは考えないものとし，箱の深さは5cm以上あるものとします。

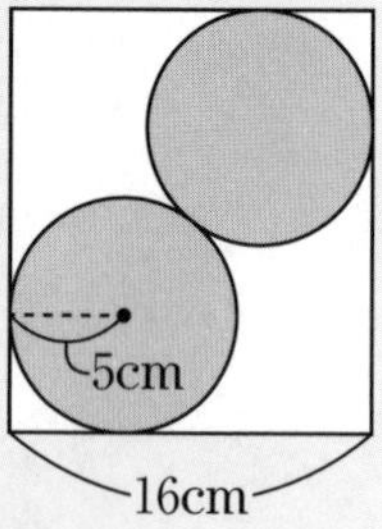

6 1辺が6cmの正四面体ABCDの辺BCの中点をMとします。次の問いに答えなさい。

(1) 線分AMの長さを求めなさい。

(2) 頂点Dから面ABCに垂直にひいた直線と面ABCとの交点Hは線分AM上にあり，AH：HM＝2：1であることが知られています。このことを使って，正四面体ABCDの体積を求めなさい。

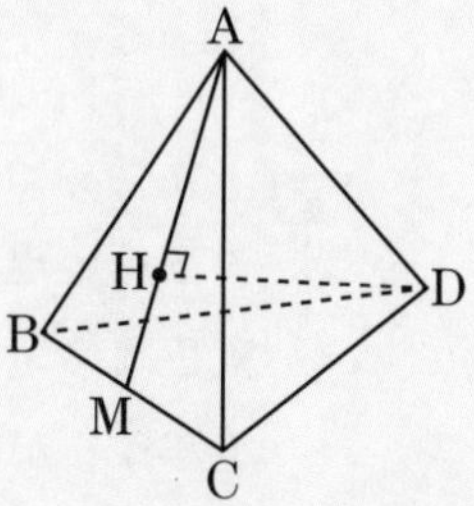

第4章 データの活用に関する問題

4-1 データの分布

1 度数分布表

☑ チェック!

度数分布表…データをいくつかの区間に分けて散らばりのようすを示した表

階級…データを区切るときの，1つ1つの区間

階級の幅(はば)…データを区切るときの区間の幅

度数…各階級に入るデータの個数

累積度数(るいせきどすう)…最小の階級からある階級までの度数を加えたもの

相対度数…各階級の度数の，全体に対する割合

$$相対度数=\frac{その階級の度数}{度数の合計}$$

累積相対度数…最小の階級からある階級までの相対度数を加えたもの

例1　みかこさんの学校の陸上部で，部員30人の反復横跳び(はんぷくよことび)の記録(1分あたりの回数)は次のようになっています。

(回)

40	40	42	42	43	44	47	47	47	48
48	49	49	49	51	51	52	54	55	55
56	57	57	58	58	58	58	61	62	64

右の表は，上の結果を，階級の幅を5回にした度数分布表にまとめたものです。

たとえば，50回以上55回未満の階級の度数は4人，相対度数は，4÷30=0.13…より0.13です。また，50回以上55回未満の階級の累積度数は，6+8+4=18(人)，累積相対度数は，0.20+0.27+0.13=0.60です。

反復横跳びの記録

階級(回)	度数(人)
40以上～45未満	6
45～50	8
50～55	4
55～60	9
60～65	3
合計	30

2 ヒストグラム

☑チェック!

ヒストグラム…階級の幅を横，度数を縦とする長方形を並べたグラフ

例1　前のページの30人の反復横跳びのデータの度数分布表から，階級の幅が5回のままヒストグラムをつくると，①のようになります。

ヒストグラムに表すと，データの散らばりのようすが形として見やすくなります。

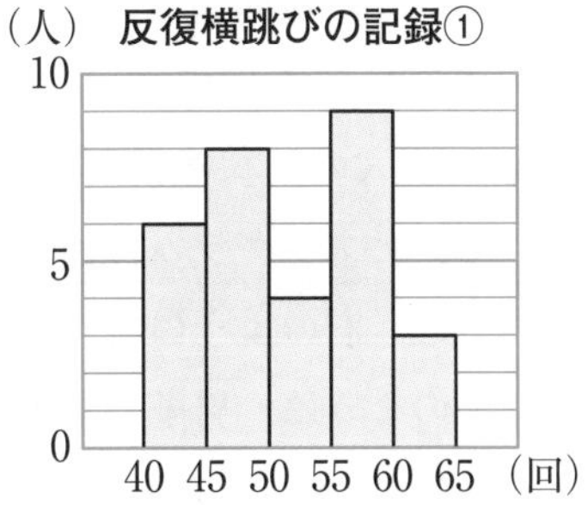

例2　同じデータから，階級の幅が異なるヒストグラムをつくることもできます。②は，階級の幅10回でつくったヒストグラムです。

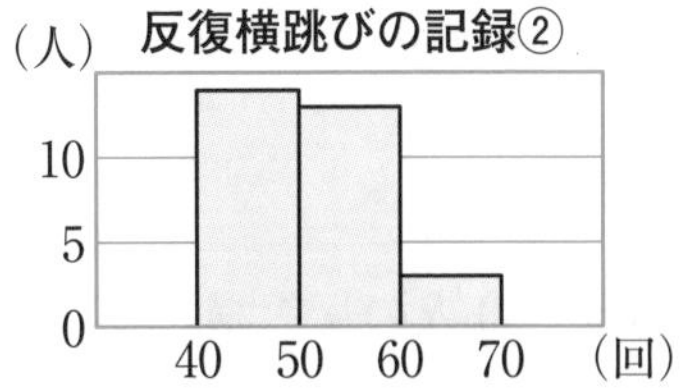

3 代表値と散らばり

☑チェック!

範囲（はんい）…データの最大の値（あたい）から最小の値をひいた値

範囲＝最大値－最小値

階級値…階級の真ん中の値

平均値…個々のデータの値の合計を，データの総数でわった値

中央値（メジアン）…データを大きさの順に並べたときの中央の値

データの総数が偶数（ぐうすう）の場合は，中央にある2つの値の平均を中央値とします。

最頻値（さいひんち）（モード）…データの中でもっとも多く出てくる値

度数分布表などでは，度数のもっとも多い階級の階級値を最頻値とします。

例1　30人の反復横跳びのデータの範囲は，64−40=24(回)です。

例2　①のヒストグラムにおいて，50回以上55回未満の階級の階級値は，(55+50)÷2=52.5(回)です。

例3　30人の反復横跳びのデータでは，平均値が51.4回，中央値が51回です。最頻値は，データから求めると58回で，度数分布表から求めると57.5回です。

例4　30人の反復横跳びのデータについて，ヒストグラムに代表値を対応させると，右のようになります。このデータのように，男子と女子が混じるなど偏った分布の場合，平均値，中央値，最頻値は近い値にならないことが多いです。

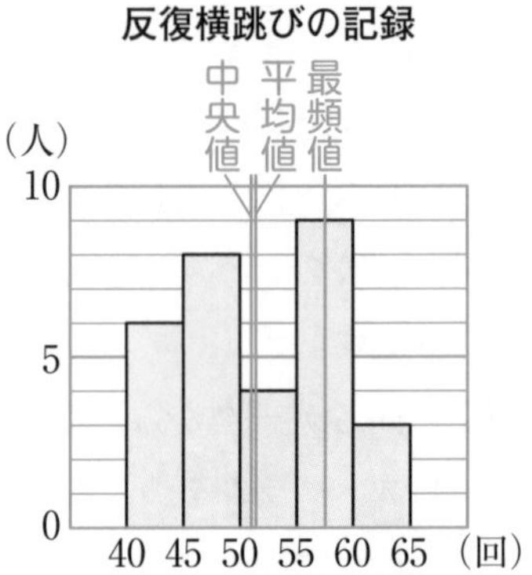

例5　30人の反復横跳びのデータを，男子15人と女子15人に分け，それぞれヒストグラムに表すと，下のようになります。

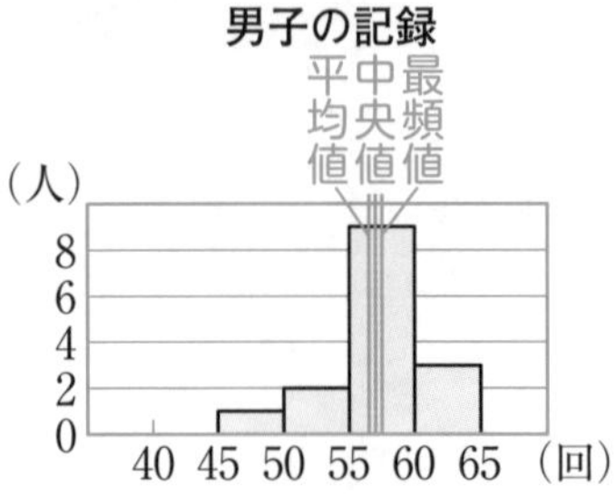

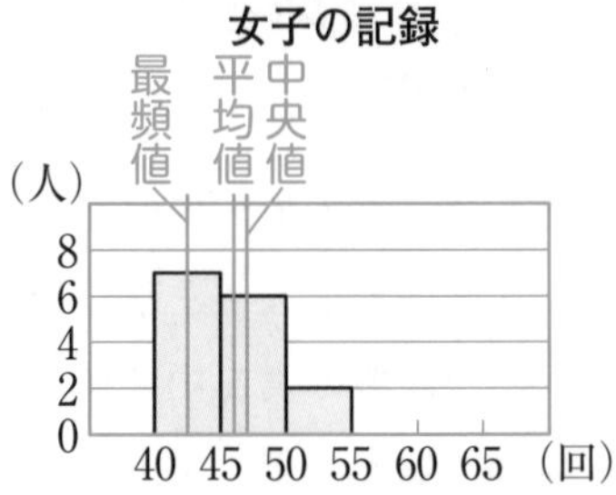

このように，ヒストグラムの分布は，いろいろな形になります。分布の形によって代表値の位置が変わるので，代表値を選ぶときは注意することが大切です。

基本問題

重要 **1** 右の度数分布表は，長野市の2020年4月の日ごとの最高気温を調べたものです。

(1) 中央値を含(ふく)む階級を書きなさい。

(2) 最頻値を求めなさい。

(3) 5℃以上10℃未満の階級の相対度数を求めなさい。答えは，小数第3位を四捨五入して求めなさい。

長野市2020年4月の最高気温

階級(℃)	度数(日)
5以上～10未満	1
10～15	15
15～20	7
20～25	6
25～30	1
合計	30

(気象庁のウェブサイトより)

(4) 10℃以上15℃未満の階級の累積相対度数(るいせきそうたいどすう)を求めなさい。答えは，小数第3位を四捨五入して求めなさい。

ポイント 累積相対度数…最小の階級からある階級までの相対度数を加えたもの

解き方 (1) 中央値は，高いほうから数えて15番めと16番めの平均であり，これらはともに10℃以上15℃未満の階級に入るから，中央値を含む階級は，10℃以上15℃未満の階級である。

答え 10℃以上15℃未満

(2) 最頻値は，10℃以上15℃未満の階級の階級値だから，12.5℃

答え 12.5℃

(3) $1 \div 30 = 0.033\cdots$

小数第3位を四捨五入して，0.03

答え 0.03

(4) 5℃以上10℃未満の階級の相対度数は，(3)より，0.03

10℃以上15℃未満の階級の相対度数は，$15 \div 30 = 0.50$

よって，10℃以上15℃未満の階級の累積相対度数は，

$0.03 + 0.50 = 0.53$

答え 0.53

応用問題

1 右のヒストグラムは，さとしさんのクラスの男子15人のハンドボール投げの記録をまとめたものです。たとえば，記録が15m以上20m未満の人は1人であるとわかります。

ハンドボール投げの記録

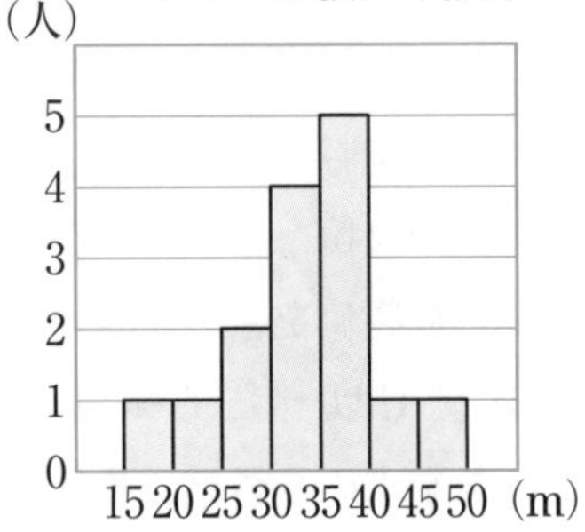

(1) 25m以上30m未満の階級の累積度数（るいせきどすう）を求めなさい。

(2) 15人の記録の平均値を求めなさい。

考え方 (2)度数分布表やヒストグラムから平均値を求めるときは，次の方法を用いることがあります。

① 各階級の階級値を求め，(階級値)×(度数)をそれぞれ計算する。

② 各階級で求めた①の値の合計を求める。

③ ②の値（あたい）を度数の合計でわり，その値を平均値とする。

解き方 (1) 距離（きょり）の短いほうから度数を合計すると，

1+1+2=4(人)　**答え** 4人

(2) 階級や度数について，以下のようにまとめる。

階級(m)	階級値(m)	度数(人)	(階級値)×(度数)
15以上～20未満	17.5	1	17.5
20～25	22.5	1	22.5
25～30	27.5	2	55.0
30～35	32.5	4	130.0
35～40	37.5	5	187.5
40～45	42.5	1	42.5
45～50	47.5	1	47.5
合計		15	502.5

上の表より，平均値は，502.5÷15=33.5(m)　**答え** 33.5m

発展問題

1 あるファストフード店の店員のけんたさんは，70 組の客単価(1 組あたりの使用金額)を調べ，階級の幅を 300 円として，右のヒストグラムにまとめました。分布の山が 2 つあることから，けんたさんは，持ち帰りと店内飲食で傾向が異なるのではないかと考えています。

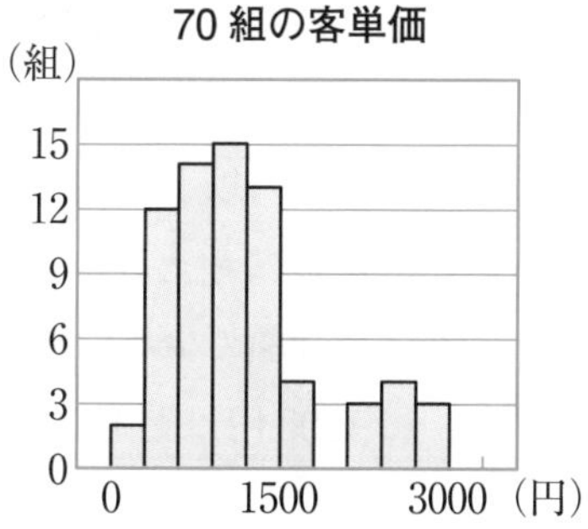

(1) 右のヒストグラムは，70 組中の持ち帰りの客 30 組について客単価をまとめたものです。70 組全体と持ち帰りについて，中央値が含まれる階級をそれぞれ求め，客単価の高さを比較しなさい。

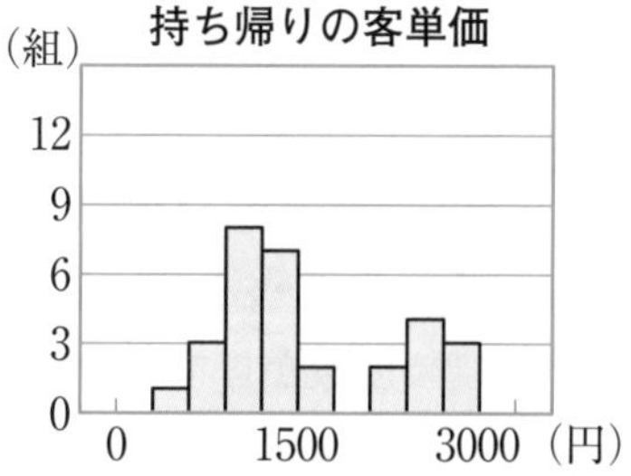

(2) 店内飲食の客は 40 組でした。店内飲食の客単価について，ヒストグラムにまとめなさい。

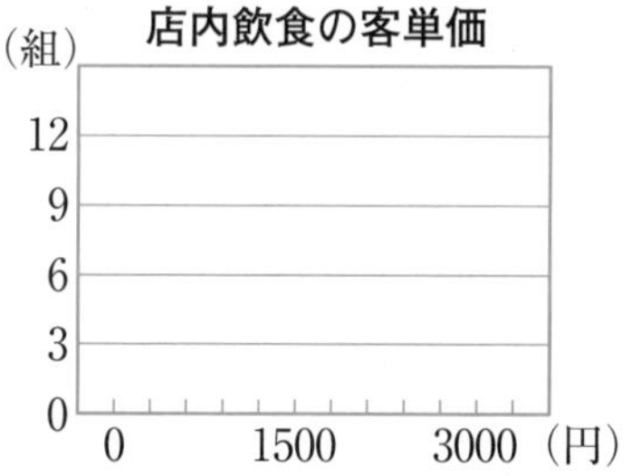

(3) 70 組全体のヒストグラムでは，もっとも度数の多い階級は，900 円以上 1200 円未満の階級です。けんたさんは，この値より使用金額が少ない客に着目して，持ち帰りと店内飲食の傾向を比べようと考えました。持ち帰りと店内飲食について，900 円以上 1200 円未満の階級の累積相対度数をそれぞれ求め，客単価の分布を比較しなさい。

解き方 (1)　70組の客単価のヒストグラムについて，600円以上900円未満の階級の累積度数は，2＋12＋14＝28(人)，900円以上1200円未満の階級の累積度数は，2＋12＋14＋15＝43(人)である。よって，使用金額の少ないほうから数えて35番めと36番めの客は，ともに900円以上1200円未満の階級に含まれている。

同様に考えると，持ち帰りの客単価のヒストグラムについて，使用金額の少ないほうから数えて15番めと16番めの客は，ともに1200円以上1500円未満の階級に含まれている。

したがって，持ち帰りの客は，全体に対して使用金額が多い傾向がある。

答え 70組全体の中央値を含む階級… 900円以上1200円未満
持ち帰りの中央値を含む階級… 1200円以上1500円未満
比較結果…持ち帰りは，全体に対し，客単価が高い。

(2)　各階級について，70組全体の度数から持ち帰りの度数をひく。店内飲食の各階級の度数は，客単価の小さいほうから順に，2，11，11，7，6，2，0，1，0，0，0となる。 **答え**

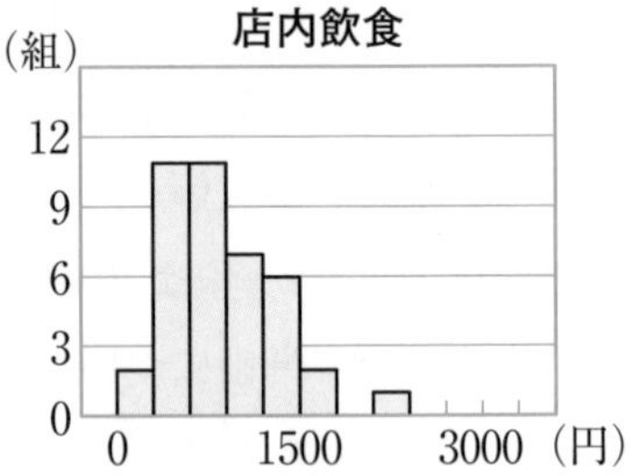

(3)　持ち帰りについて，900円以上1200円未満の階級の累積相対度数は，(0＋1＋3＋8)÷30＝12÷30＝0.4

店内飲食について，900円以上1200円未満の階級の累積相対度数は，(2＋11＋11＋7)÷40＝31÷40＝0.775

よって，店内飲食の客は，持ち帰りの客に対して使用金額が少ないほうに偏っているといえる。

答え 持ち帰りの累積相対度数… 0.4
店内飲食の累積相対度数… 0.775
比較結果…店内飲食は，持ち帰りに対し，客単価が安い。

練習問題

答え：別冊 p.39

重要
1 右のヒストグラムは，こうすけさんのクラスの30人が50点満点の漢字テストの点数を調べたものです。次の問いに答えなさい。ただし，50点満点をとった人はいなかったものとします。

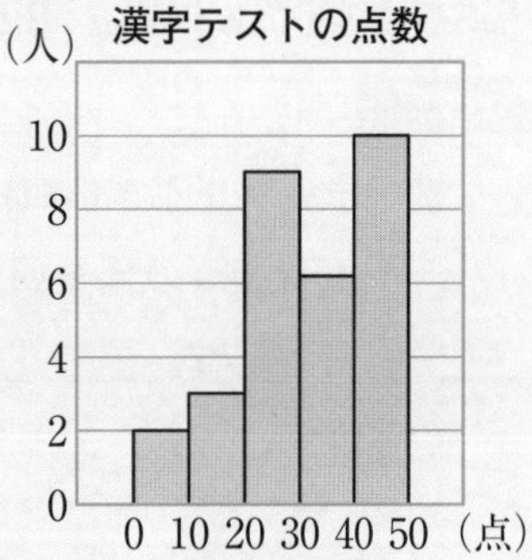

(1) 20点以上30点未満の階級の相対度数を求めなさい。

(2) 20点以上30点未満の階級の累積相対度数を求めなさい。答えは，小数第3位を四捨五入して求めなさい。

2 右のヒストグラムは，さくらこさんの学校のバレーボール部の部員25人の垂(すい)直跳(ちょくと)びの記録です。このヒストグラムからわかることについて，下の㋐～㋓の中から正しいものを1つ選びなさい。

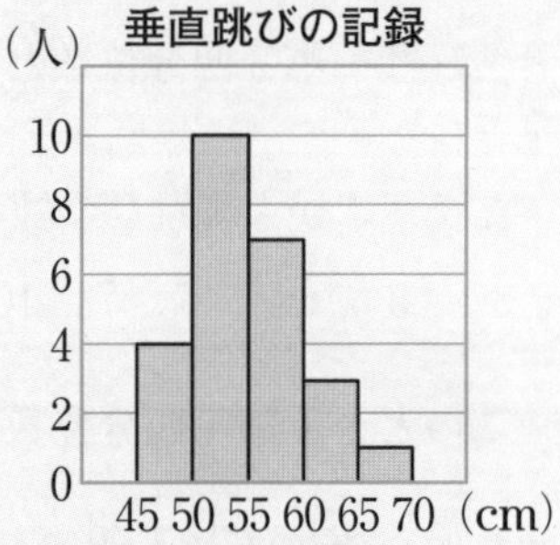

㋐ 記録の分布の範囲(はんい)は25cm以上です。

㋑ 最頻値(さいひんち)は平均値より大きいです。

㋒ 度数が7人の階級の階級値は55cmです。

㋓ 中央値は50cm以上55cm未満の階級に入っています。

4-2 データの比較

1 四分位数と四分位範囲

☑ チェック!

四分位数…データを小さい順に並べたとき，全体を 4 等分する位置にある 3 つの値を四分位数といい，小さい値から順に**第 1 四分位数**，**第 2 四分位数(中央値)**，**第 3 四分位数**といいます。

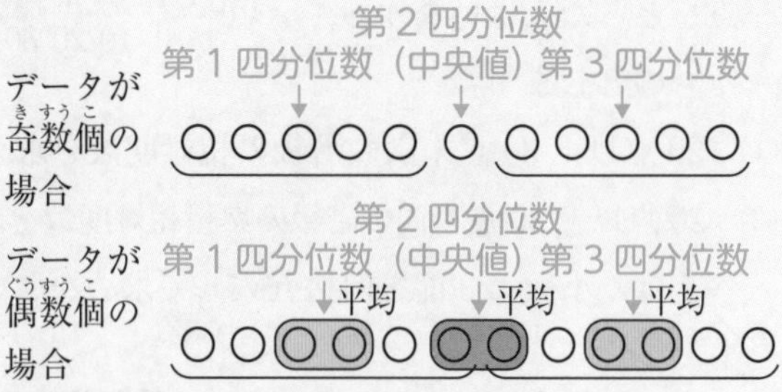

四分位範囲…第 3 四分位数と第 1 四分位数の差

例 1　A チームが大縄跳びの練習を行ったときの記録は，下のようでした。

3，3，4，5，7，10，15，23，36　（回）

このとき，第 1 四分位数は $\frac{3+4}{2}=3.5$(回)，第 2 四分位数は 7 回，第 3 四分位数は $\frac{15+23}{2}=19$(回)です。

例 2　B チームが大縄跳びの練習を行ったときの記録は，下のようでした。

0，1，12，13，16，17，17，20，21，24　（回）

このとき，第 1 四分位数が 12 回，第 3 四分位数が 20 回なので，四分位範囲は $20-12=8$(回)です。

2 箱ひげ図

☑ チェック！

箱ひげ図…最小値，第１四分位数，第２四分位数，第３四分位数，最大値を，線分と長方形を使って表したグラフ

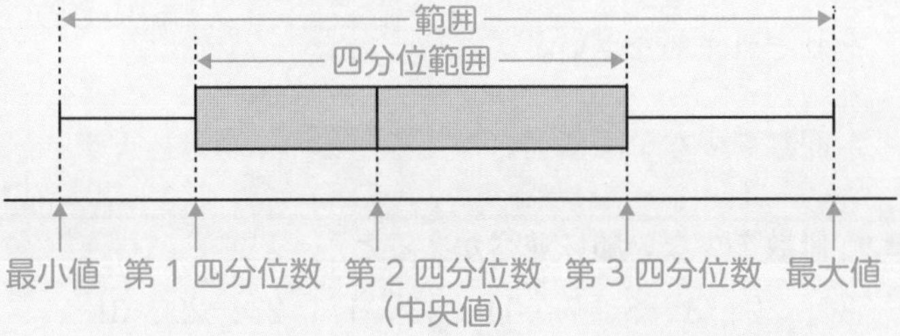

例１　前のページのＡチームの大縄跳びの記録は，最小値が３回，最大値が36回，第１四分位数が3.5回，第２四分位数が７回，第３四分位数が19回だから，箱ひげ図は右のようになります。

Ａチームの大縄跳びの記録

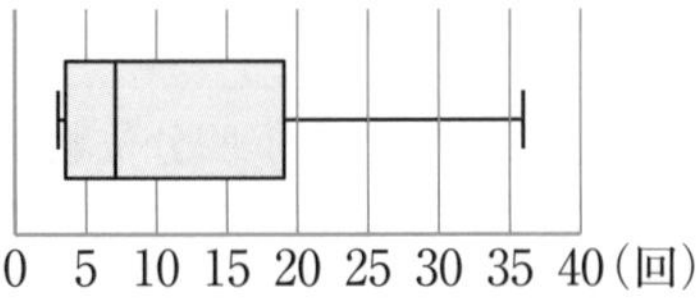

例２　前のページのＡチームとＢチームの大縄跳びの練習の記録を箱ひげ図に表すと，右の図のようになります。

たとえば，最大値はＡチームのほうが大きいが，第１四分位数，第２四分位数（中央値），第３四分位数はＢチームのほうが大きく，Ｂチームの記録のほうがばらつきが少ないこともわかります。

大縄跳びの記録

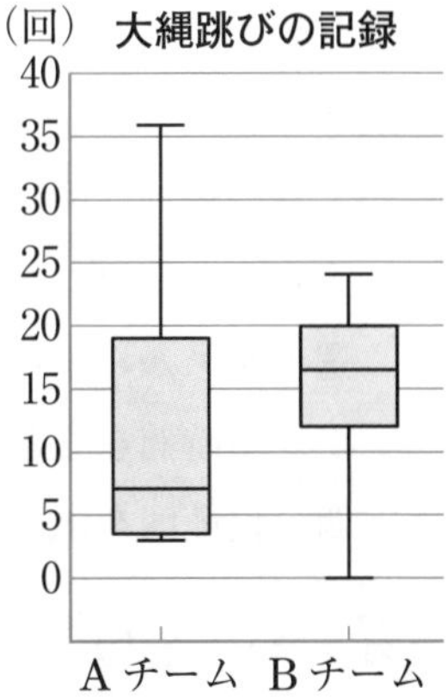

箱ひげ図は，ヒストグラムと比べて，複数のデータの分布を比較（ひかく）することに適しています。

基本問題

重要 **1** れいさんの学校の文芸部の10人の生徒について，8月の1か月間に読んだ本の冊数を調べたところ，右のようになりました。四分位数をそれぞれ求めなさい。

（冊）

17，	2，	29，	31，
11，	3，	7，	13，
5，	23		

考え方 冊数を少ない順に並べかえてから，4等分します。

解き方 冊数を少ない順に並べかえると，

2，3，5，7，11，13，17，23，29，31

第1四分位数（5）　第2四分位数（中央値）（11，13）　第3四分位数（23）

となる。

よって，第1四分位数は5冊，第2四分位数は$\frac{11+13}{2}=12$（冊），第3四分位数は23冊となる。

答え 第1四分位数…5冊
第2四分位数…12冊
第3四分位数…23冊

重要 **2** 右の箱ひげ図は，ゆきこさんが入っているソフトボールチームの選手が家から練習場まで来るのにかかる時間をまとめたものです。四分位範囲を求めなさい。

練習場までの時間

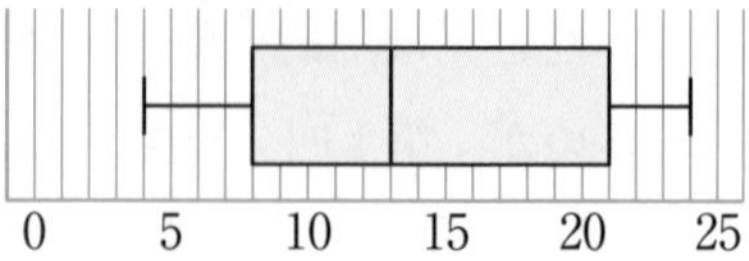

ポイント 四分位範囲＝第3四分位数－第1四分位数

解き方 第3四分位数は21分，第1四分位数は8分なので，

21－8＝13（分）

答え 13分

応用問題

重要

1 右の箱ひげ図は，A 組と B 組の男子 15 人ずつが体育の授業でけんすいを行ったときの記録をまとめたものです。この箱ひげ図からわかることについて，下の㋐～㋒の中から正しいものを 1 つ選びなさい。

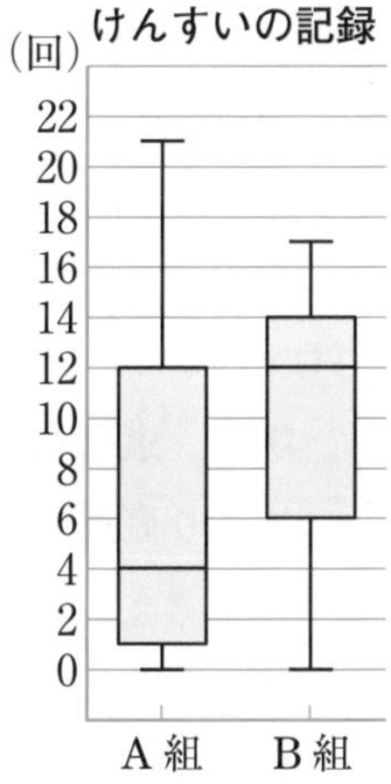

㋐　記録が 12 回以上の人数は，A 組より B 組のほうが多い。

㋑　記録が 5 回未満の人数は，A 組より B 組のほうが多い。

㋒　四分位範囲は，A 組より B 組のほうが大きい。

ポイント　15 人のデータの第 1 四分位数，第 2 四分位数(中央値)，第 3 四分位数は，それぞれ少ないほうから 4 番め，8 番め，12 番めの記録です。

解き方　㋐…A 組は，第 3 四分位数が 12 回で，中央値は 12 回より少ないから，記録が 12 回以上の人数はもっとも多くて 7 人であるが，B 組は，中央値が 12 回であるから，記録が 12 回以上の人数はもっとも少なくて 8 人であり，正しい。

㋑…A 組は，第 2 四分位数が 4 回だから，記録が 5 回未満の人数はもっとも少なくて 8 人であるが，B 組は，第 1 四分位数が 6 回だから，記録が 5 回未満の人数はもっとも多くて 3 人であり，誤り。

㋒…A 組と B 組の四分位範囲は，それぞれ 12−1＝11(回)，14−6＝8(回)で，A 組のほうが大きいから，誤り。　答え　㋐

発展問題

1 ある学校の陸上部で，400m リレーに出る最後の１人を決めようとしています。図１は，A ～ D の４人について，半年間の 100m 走の記録をまとめたものです。

(1) 図１で，第１四分位数をもとに決める場合，選ばれる選手はだれですか。

(2) より直近のデータにしぼったほうがよいと考え，１か月間の記録を，図２にまとめなおしました。リレーに出る選手を１人選び，その理由について，箱ひげ図の特徴を比較（ひかく）して説明しなさい。

図１

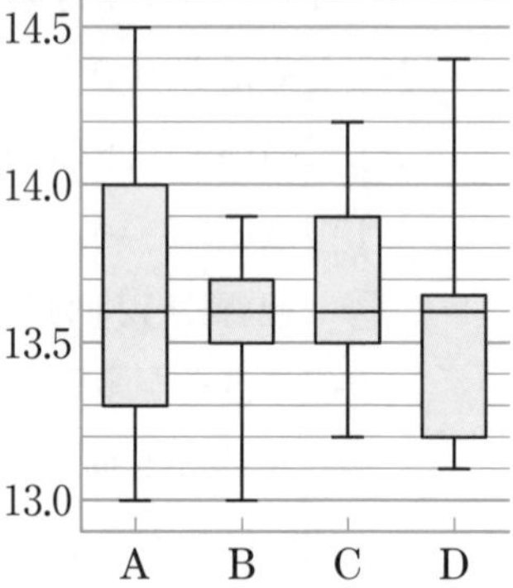

図２

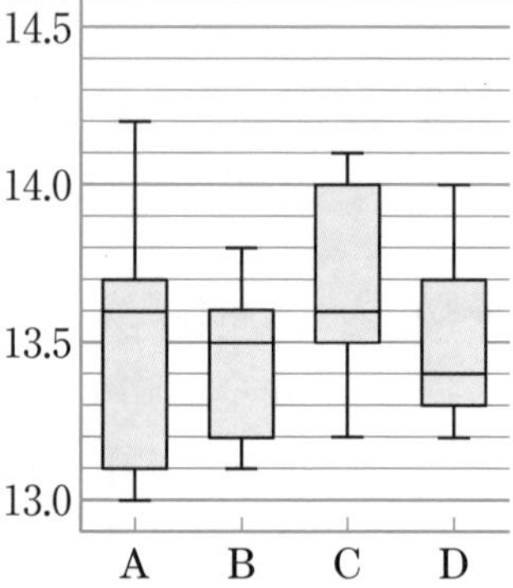

解き方 (1) 第１四分位数が小さいほうが記録がよい。D が 13.2 秒でもっとも小さい。

答え D

(2) 図２から選手間の記録の違（ちが）いを読み取る。また，図１と図２から個人の記録の伸びぐあいを読み取る。

答え （例１） 選手… A

理由…図２で，最小値と第１四分位数が４人の中でもっとも小さいから，A を選ぶ。また，図１と図２から，第３四分位数の伸びぐあいが４人の中でもっとも大きいから，A を選ぶ。

（例２） 選手… B

理由…図２で，最大値と第３四分位数が４人の中でもっとも小さいから，B を選ぶ。また，図１と図２から，第１四分位数の伸びぐあいが４人の中でもっとも大きいから，B を選ぶ。

練習問題

答え：別冊 p.40

重要 1 次のデータは，あるバスケットボールチームで，9人の選手がシュートの練習を10回ずつ行ったときに成功した回数です。次の問いに答えなさい。

5，6，6，7，8，9，9，10，10　(回)

(1)　四分位数をそれぞれ求めなさい。

(2)　四分位範囲（しぶんいはんい）を求めなさい。

重要 2 下の箱ひげ図は，47の都道府県の2019年の年平均気温をまとめたものです。

2019年の平均気温

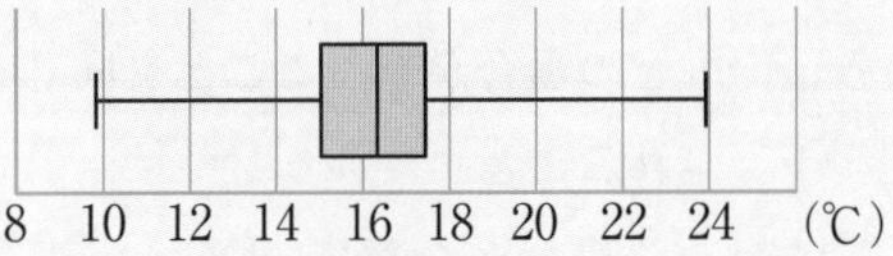

(気象庁のウェブサイトより)

同じデータをヒストグラムに表したものはどれですか。下の㋐〜㋓の中から選びなさい。

㋐
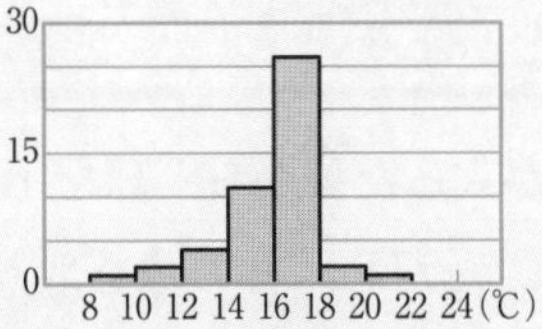

㋑
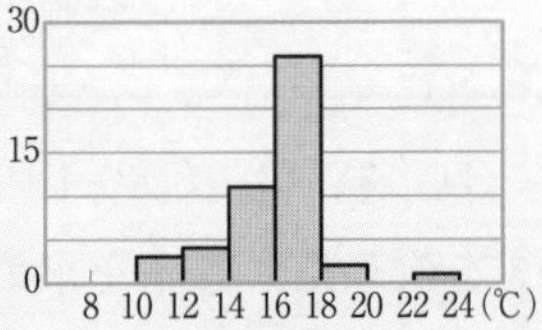

㋒
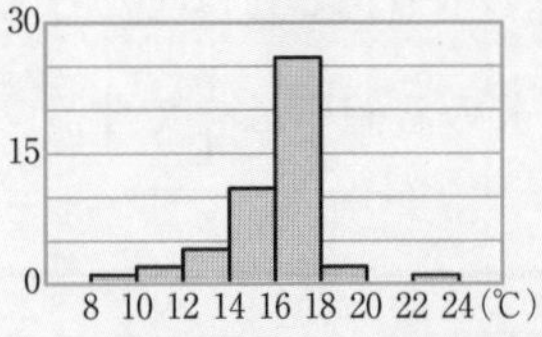

㋓
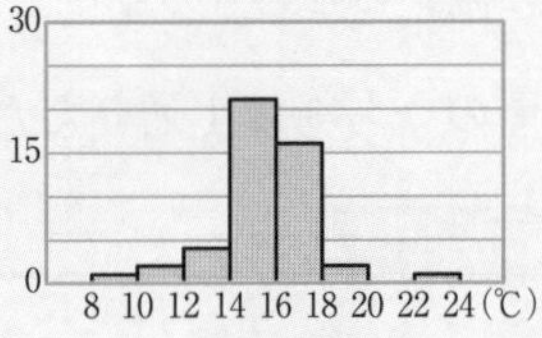

4-3 確率

1 確率の意味

☑チェック！

確率…あることがらが起こると期待される程度を表す数

例１　１枚の硬貨(こうか)を何回も投げて，表が出る相対度数をグラフに表します。投げる回数が多くなると，相対度数のばらつきが小さくなっていきます。この場合，0.5 に近い値(あたい)になっているので，表が出る確率は 0.5 と考えることができます。

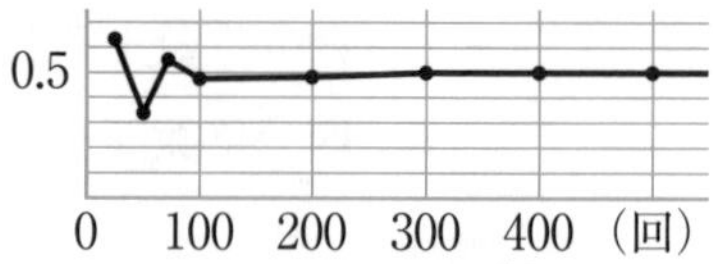

☑チェック！

同様に確からしい…どの場合が起こることも同じ程度であると考えられること

確率の求め方…起こる場合が全部で n 通りあり，どの場合が起こることも同様に確からしいとします。そのうち，ことがらＡの起こる場合が a 通りあるとき，ことがらＡの起こる確率 p は，$p=\frac{a}{n}$ となります。

例１　①，②，③，④の４個の球が入った袋(ふくろ)から，球を１個取り出すとき，③を取り出す確率を求めます。ただし，どの球を取り出すことも同様に確からしいものとします。球の取り出し方は①から④までの４通りで，そのうち③は１通りだから，求める確率は $\frac{1}{4}$ です。

☑チェック！

確率 p の値の範囲(はんい)… p の値の範囲は $0 \leqq p \leqq 1$ となります。必ず起こることがらの確率は１です。決して起こらないことがらの確率は０です。

2 いろいろな確率

チェック!

樹形図と確率…いくつかのものを並べたり組み合わせたりする場面では，樹形図を用います。

例１　[1]，[3]，[5]の３枚のカードを並べて３けたの整数をつくるとき，整数が５の倍数となる確率を求めます。右の樹形図より，全部で６通りあり，そのうち５の倍数となるのは○をつけた２通りなので，求める確率は，$\frac{2}{6}=\frac{1}{3}$です。

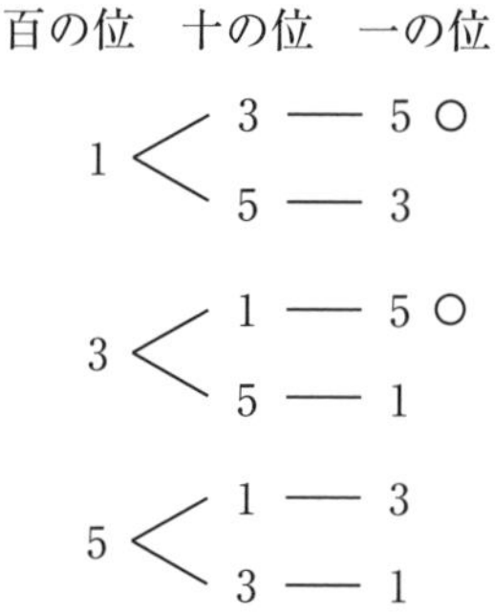

チェック!

表と確率…同じことを２回行ったり，同じものから２つを選んだりする場面では，表を用います。

例１　大小２個のさいころを同時に振(ふ)るとき，出る目の数の和が５となる確率を求めます。右の表より，全部で36通りあり，そのうち出る目の数の和が５となるのは○で囲んだ４通りなので，求める確率は，$\frac{4}{36}=\frac{1}{9}$です。

大＼小	1	2	3	4	5	6
1	2	3	4	(5)	6	7
2	3	4	(5)	6	7	8
3	4	(5)	6	7	8	9
4	(5)	6	7	8	9	10
5	6	7	8	9	10	11
6	7	8	9	10	11	12

チェック!

起こらない確率…

(ことがらＡの起こらない確率)＝1－(ことがらＡの起こる確率)

例１　大小２個のさいころを同時に振るとき，出る目の数の和が５とならない確率は，$1-\frac{1}{9}=\frac{8}{9}$です。

基本問題

重要 1 $\boxed{1}$, $\boxed{2}$, $\boxed{3}$, $\boxed{4}$の4枚のカードから同時に2枚をひきます。

(1) ひいたカードに書かれた数が奇数(きすう)と偶数(ぐうすう)となる確率を求めなさい。

(2) ひいたカードに書かれた数の和が偶数となる確率を求めなさい。

解き方 下の樹形図より，起こる場合は全部で6通りある。

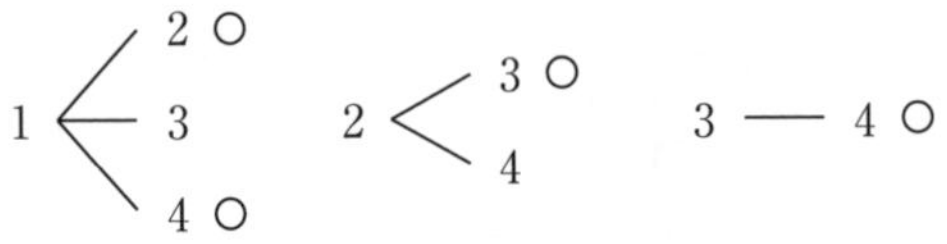

(1) 樹形図より，ひいたカードに書かれた数が奇数と偶数となるのは，○をつけた4通りとなる。求める確率は，$\frac{4}{6}=\frac{2}{3}$ **答え** $\frac{2}{3}$

(2) ひいたカードに書かれた数の和が奇数となるのは(1)のときだから，求める確率は，

$1-$(和が奇数になる確率)$=1-\frac{2}{3}=\frac{1}{3}$ **答え** $\frac{1}{3}$

重要 2 大小2個のさいころを同時に振(ふ)ります。

(1) 目の数の積が6となる確率を求めなさい。

(2) 目の数の積が奇数となる確率を求めなさい。

解き方 右の表より，起こる場合は全部で36通りある。

大＼小	1	2	3	4	5	6
1	□1	2	□3	4	□5	○6
2	2	4	○6	8	10	12
3	□3	○6	□9	12	□15	18
4	4	8	12	16	20	24
5	□5	10	□15	20	□25	30
6	○6	12	18	24	30	36

(1) 表より，目の数の積が6となるのは，○で囲んだ4通りとなる。求める確率は，$\frac{4}{36}=\frac{1}{9}$ **答え** $\frac{1}{9}$

(2) 表より，目の数の積が奇数となるのは，□で囲んだ9通りとなる。求める確率は，$\frac{9}{36}=\frac{1}{4}$ **答え** $\frac{1}{4}$

応用問題

1 袋(ふくろ)の中に赤球が2個，白球が3個，青球が1個入っています。この袋から球を取り出します。

(1) 2個同時に取り出すとき，2個とも同じ色になる確率を求めなさい。

(2) 1個取り出して色を調べ，袋に戻(もど)してからもう1個取り出すとき，2個とも同じ色になる確率を求めなさい。

考え方

(1) 2個の赤球，3個の白球をそれぞれ別のものとして，組み合わせを考えます。

(2) 1回めの取り出し方は6通り，2回めの取り出し方も6通りあります。

解き方 (1) 2個の赤球を赤A，赤B，3個の白球を白C，白D，白Eとすると，2個の球の取り出し方は，下の図のように15通りある。

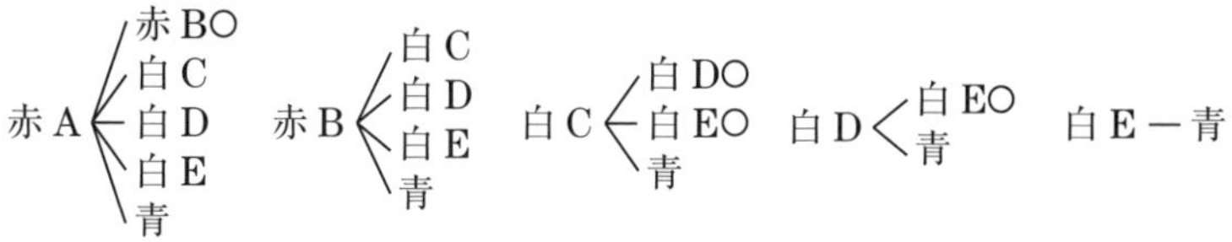

このうち，2個とも同じ色になる場合は，○をつけた4通りとなる。

求める確率は，$\frac{4}{15}$

答え $\frac{4}{15}$

(2) 2個の球の取り出し方は，右の表のように36通りある。このうち，2個とも同じ色になる場合は，○をつけた14通りとなる。求める確率は，$\frac{14}{36}=\frac{7}{18}$

1回め＼2回め	赤A	赤B	白C	白D	白E	青
赤A	○	○				
赤B	○	○				
白C			○	○	○	
白D			○	○	○	
白E			○	○	○	
青						○

答え $\frac{7}{18}$

発展問題

1 しげるさんは，さいころを使うくじのルールを考えています。

> ルール
> ①　大小２個のさいころを振(ふ)り，条件を満たすか確認する。
> 条件Ａ…２つの出た目の数が等しい。
> 条件Ｂ…２つの出た目の数の積が３の倍数となる。
> ②　①の結果にしたがって，１等，２等，３等，４等のいずれかの賞品をもらえる。

上のルールでは，条件の満たし方と賞品の種類が対応していません。賞品をもらえる確率が４等から１等の順に小さくなるようにするとき，１等～４等に対応する条件Ａ，Ｂの満たし方を求めなさい。

解き方 表１のように，条件Ａ，Ｂの満たし方は４通りであり，それぞれ○，Ａ，Ｂ，×と表す。表２のように，さいころの目の出方は36通りであり，それぞれについて条件Ａ，Ｂの満たし方をまとめる。

表１

		条件Ｂ	
		満たす	満たさない
条件Ａ	満たす	○	Ａ
	満たさない	Ｂ	×

表２

大＼小	1	2	3	4	5	6
1	A	×	B	×	×	B
2	×	A	B	×	×	B
3	B	B	○	B	B	B
4	×	×	B	A	×	B
5	×	×	B	×	A	B
6	B	B	B	B	B	○

それぞれの確率を求めると，○は$\frac{2}{36}$，Ａは$\frac{4}{36}$，Ｂは$\frac{18}{36}$，×は$\frac{12}{36}$となるので，確率の小さいほうから順に，○，Ａ，×，Ｂとなる。

答え １等…条件ＡとＢの両方を満たす。
２等…条件Ａのみ満たす。
３等…条件ＡとＢの両方を満たさない。
４等…条件Ｂのみ満たす。

練習問題

答え：別冊 p.41

重要 1　1枚の硬貨（こうか）を3回投げるとき，次の問いに答えなさい。

(1)　表が1回以上出る確率を求めなさい。

(2)　表がちょうど2回出る確率を求めなさい。

重要 2　かずやさん，たくまさん，みどりさんの3人がじゃんけんを1回します。次の問いに答えなさい。

(1)　かずやさんがグーで1人だけ勝つ確率を求めなさい。

(2)　少なくとも1人が勝つ確率を求めなさい。

3　A，Bの2人の女子とC，D，Eの3人の男子の中から，委員長と副委員長を1人ずつ選びます。次の問いに答えなさい。

(1)　Aが委員長か副委員長となる確率を求めなさい。

(2)　女子が委員長，男子が副委員長となる確率を求めなさい。

(3)　Cが委員長にならない確率を求めなさい。

重要 4　右の図のように，正六角形の6つの頂点に，時計回りに0～5の番号があり，0の頂点にコマが置かれています。さいころを2回振り，出た目の数だけコマを時計回りにとなりの頂点に移動させます。1回めに出た目の数と2回めに出た目の数が等しいときは，2回めはコマを動かさないものとします。さいころを2回振ったあと，コマが2の頂点にくる確率を求めなさい。ただし，さいころの目の出方は同様に確からしいものとします。

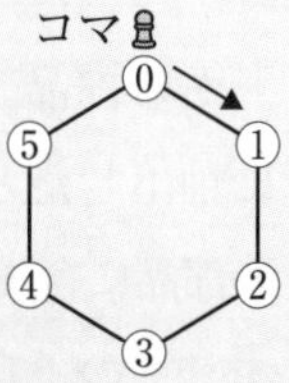

4-4 標本調査

1 全数調査と標本調査

☑ チェック！

全数調査…集団のすべてについて調べる調査

標本調査…集団の一部を取り出して調べ，全体の性質を推測する調査

母集団…特徴(とくちょう)や傾向(けいこう)などの性質を調べたい集団全体

標本…調査のために取り出した一部のデータ

標本の大きさ…取り出したデータの個数

無作為(むさくい)に抽出(ちゅうしゅつ)する…母集団からかたよりなく標本を取り出すこと

例１　国勢調査は，全世帯について行われるので，全数調査です。

例２　ある工場が 500mL 入りのジュースを一度に 60000 本製造するとき，出荷前に１本だけ成分調査をすることは，標本調査です。

2 標本調査の利用

☑ チェック！

標本調査の利用…標本調査の結果から，母集団の性質を推測できます。

例１　ある部品工場で１日に生産される部品 5000 個から 100 個を無作為に抽出したところ，そのうち３個が不良品でした。このとき，すべての部品に含(ふく)まれる不良品の個数を，次のように推測することができます。
すべての不良品の個数を x 個とすると，

$$\underset{\text{すべての不良品}}{\underline{x}} : \underset{\text{母集団の大きさ}}{\underline{5000}} = \underset{\text{抽出した不良品}}{\underline{3}} : \underset{\text{標本の大きさ}}{\underline{100}} \qquad 100x=15000 \qquad x=150$$

よって，すべての部品の中には不良品がおよそ 150 個含まれていると推測できます。

基本問題

1 次の調査のうち，標本調査で行うものを，㋐～㋔の中からすべて選びなさい。

㋐ ある中学校の受験生の志望校調査

㋑ ソファの耐久性(たいきゅうせい)の調査

㋒ 企業(きぎょう)の従業員のストレスチェック

㋓ 野生動物の生息数の調査

㋔ 飛行機に積み込む荷物の検査

解き方 ㋐…受験生それぞれに確認する必要があるので，全数調査となる。

㋑…すべての製品を検査することはできないので，標本調査となる。

㋒…従業員それぞれに確認する必要があるので，全数調査となる。

㋓…野生動物をすべて捕(つか)まえることはできず，またおおよその生息数がわかればよいので，標本調査となる。

㋔…すべての荷物について行う必要があるので，全数調査となる。

答え ㋑，㋓

重要

2 ある農家で1日に収穫(しゅうかく)した55.7kgのみかんから，無作為に10個を抽出したところ，みかんの重さは次のようになりました。

101，118，124，107，99，108，113，104，98，114

（単位：g）

この農家では1日にみかんをおよそ何個収穫したと考えられますか。答えは，一の位を四捨五入して求めなさい。

解き方 みかん10個の重さの平均は，

$(101+118+124+\cdots+114)\div10=1086\div10=108.6$(g)

$55700\div108.6=512.8\cdots$

一の位を四捨五入して，1日に収穫した個数は，およそ510個と考えられる。

答え 510個

応用問題

重要 **1** 袋(ふくろ)の中に，白球と黒球が合わせて600個入っています。この袋をよくかき混ぜて，球を20個取り出し，白球の個数を調べてから，取り出した球を袋の中に戻(もど)すということを3回行ったところ，白球の個数はそれぞれ3個，2個，6個でした。このとき，袋の中には白球がおよそ何個入っていると考えられますか。

考え方
(全体の白球の個数)：(全体の球の個数)
＝(取り出した白球の個数)：(取り出した球の個数)

解き方 取り出した白球の個数の平均は，$(3+2+6)\div3=\frac{11}{3}$(個)

袋の中の白球の個数を x 個とすると，

$x:600=\frac{11}{3}:20$ より，$20x=600\times\frac{11}{3}$　これを解いて，$x=110$

よって，袋の中には白球がおよそ110個入っていると考えられる。

答え 110個

重要 **2** ある地域で，タヌキの生息数を調べるために，30頭のタヌキを捕(つか)まえ，目印をつけて放しました。後日，同じ地域で無作為に40頭のタヌキを捕まえたところ，その中に目印をつけたタヌキは7頭いました。この地域にはタヌキがおよそ何頭生息していると考えられますか。答えは，一の位を四捨五入して求めなさい。

考え方
母集団の大きさを x として，比例式をつくります。

解き方 この地域のタヌキの生息数を x 頭とすると，

$30:x=7:40$ より，$7x=1200$　これを解いて，$x=171.4\cdots$

一の位を四捨五入して，この地域にはタヌキがおよそ170頭生息していると考えられる。

答え 170頭

発展問題

1 ある池で，新種の魚が発見されました。この新種の魚が池に何匹(なんびき)ぐらい生息しているか調べるために，池で無作為(むさくい)に160匹の魚を捕まえたところ，その中に新種の魚は7匹いました。この160匹の魚に目印をつけて放し，後日，同じ池で無作為に160匹の魚を捕まえたところ，その中に新種の魚は5匹，目印をつけた魚は4匹いました。この池には新種の魚がおよそ何匹生息していると考えられますか。

考え方
（すべての目印）：（すべての魚）＝（捕まえた目印）：（捕まえた魚）
（すべての新種）：（すべての魚）＝（捕まえた新種）：（捕まえた魚）

解き方 関連する数量について，以下のように整理する。

1日めに目印をつけた魚の総数… 160匹
池に生息している魚の総数…不明のため，x 匹とする。
後日に捕まえた目印がついた魚の数… 4匹
後日に捕まえた魚の数… 160匹
池に生息している新種の魚の総数…不明のため，y 匹とする。
池に生息している魚の総数…不明のため，x 匹とする。
捕まえた新種の魚の数（2日間の平均）… 6匹
捕まえた魚の数（2日間の平均）… 160匹
これらを比例式に表し，x，y の値(あたい)を求める。

$160 : x = 4 : 160$　　　$y : 6400 = 6 : 160$
$4x = 25600$　　　$160y = 38400$
$x = 6400$　　　$y = 240$

よって，この池には魚がおよそ6400匹生息しており，そのうち新種の魚はおよそ240匹生息していると考えられる。

答え 240匹

第4章 データの活用に関する問題

練習問題

答え：別冊 p.43

1 A市にあるX中学校で，男子生徒の50m走の記録を全国平均と比較(ひかく)するため，30人を無作為(むさくい)に選んで標本調査を行うとき，30人の選び方としてもっとも適切なものを，下の㋐～㋒の中から1つ選びなさい。

㋐ X中学校の3年生の男子は155人いるので，その氏名を1人ずつ書いた155枚のカードを袋(ふくろ)に入れ，袋の中をよくかき混ぜてから30枚のカードを取り出す。

㋑ X中学校の男子生徒全員に番号をつけ，30個の異なる番号が出るまで乱数さいを振(ふ)る。

㋒ A市に住む中学生男子の電話番号をコンピューターに登録し，その中から無作為に選んだ30の番号に電話をかける。

重要 **2** 段ボール箱に入った1.5kgのくりから，無作為に5個を抽出(ちゅうしゅつ)したところ，くりの重さはそれぞれ30g，29g，31g，31g，28gでした。この段ボール箱の中には，くりがおよそ何個入っていると考えられますか。答えは，一の位を四捨五入して求めなさい。

重要 **3** ある工場では，1日に13000個の製品を生産しています。ある4日間，毎日300個の製品を無作為に抽出したところ，そのうち7個が不良品でした。このとき，この工場で4日間で生産された製品の中には不良品がおよそ何個あると考えられますか。答えは，一の位を四捨五入して求めなさい。

第5章

数学検定特有問題

数学検定では，検定特有の問題が出題されます。
規則や法則を捉えてしくみを考察する問題や，
ことがらを整理して論理的に判断する問題など，
数学的な思考力や判断力が必要となるような，
さまざまな種類の問題が出題されます。

5-1 数学検定特有問題

練習問題

答え：別冊 p.44 ～ p.47

1 次の文字に1から9までの異なる数字を1つずつ入れて，かけ算の筆算が成り立つようにしなさい。

(1)
$$\begin{array}{r} ABC \\ \times \quad C \\ \hline BDA \end{array}$$

(2)
$$\begin{array}{r} AB \\ \times \ AC \\ \hline BAC \end{array}$$

2 次のように，分母と分子がともに正の整数で，0より大きく1より小さい分数を，分母が小さい順に，分母が等しいものは分子が小さい順に並べていきます。ただし，約分ができるものも約分せずに，たとえば$\frac{2}{4}$，$\frac{4}{6}$などのようにその形のままにします。

$$\frac{1}{2},\ \frac{1}{3},\ \frac{2}{3},\ \frac{1}{4},\ \frac{2}{4},\ \frac{3}{4},\ \frac{1}{5},\ \frac{2}{5},\ \cdots$$

次の問いに答えなさい。

(1) 60番めの分数を求めなさい。

(2) $\frac{1}{2}$，$\frac{1}{3}$，$\frac{2}{3}$，$\frac{1}{4}$の部分には，約分できない分数が4個連続して現れています。同じように，約分できない分数が，初めて10個以上連続して現れるのはどこですか。その最初の分数を求めなさい。

3 次の式の8個の「×」のうち，できるだけ少ない数の「×」を「＋」に変えて，等式が成り立つようにします。

$$1\times2\times3\times4\times5\times6\times7\times8\times9=371$$

① ② ③ ④ ⑤ ⑥ ⑦ ⑧

「×」の記号を左から①，②，③，…，⑧とするとき，たとえば，④，⑤，⑥，⑦を「＋」に変えると，式は

$1\times2\times3\times4+5+6+7+8\times9$

となり，計算結果は114になります。「＋」に変えるものを①～⑧の中からすべて選びなさい。

4 図形を「一筆がき」できるかについて考えます。一筆がきとは，同じ点は2度通ってよいが，同じ線は2度通らず，1度紙にペンをつけたら紙からペンを離(はな)さずに図形をかくことをいいます。

たとえば，正方形は右の図のように，「○」を始点，「→」を終点として一筆がきすることができます。

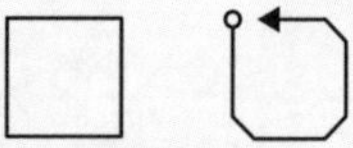

下の①～⑤の図形について，次の問いに答えなさい。

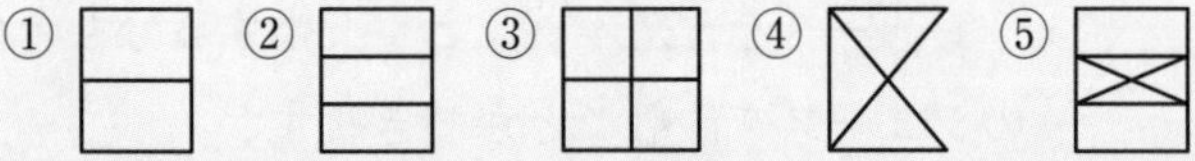

(1) 一筆がきができるものを①～⑤の中からすべて選びなさい。

(2) (1)で答えた図形の中で，始点と終点が同じ図形と異なる図形をそれぞれ選びなさい。

5 下の図のようなマス目とさいころがあります。さいころをマス目にそって，すべらないように転がします。

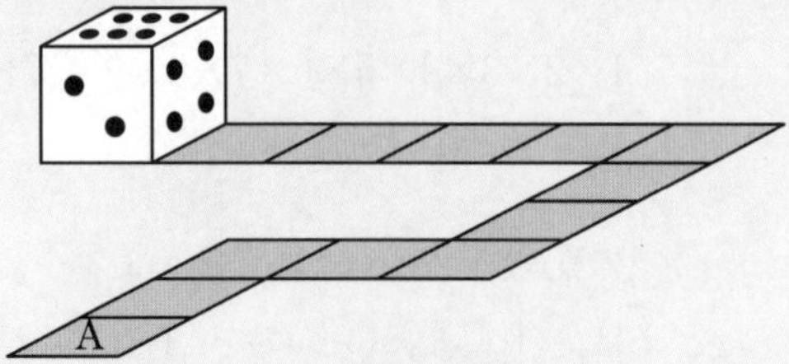

さいころの向かい合う面の目の数の和は，どれも7です。さいころがAのマスにきたとき，上を向いている面の目の数を求めなさい。

6 ある店ではビンに入ったジュースを売っていて，空きビンの回収をしています。空きビンを10本持っていくと，ジュース1本と交換(こうかん)できます。次の問いに答えなさい。

(1) ジュースを127本買うと，交換する分も合わせて何本のジュースを飲むことができますか。

(2) 全部で182本のジュースを飲むには，ジュースを何本買えばよいですか。

7 電卓には，7セグメントディスプレイという，それぞれ個別に黒く点灯したり消えたりする7個のセグメント（の形）で0～9の数字を表示しているものがあります。たとえば，下の図のように，0は6個のセグメント，1は2個のセグメントの点灯で表示します。

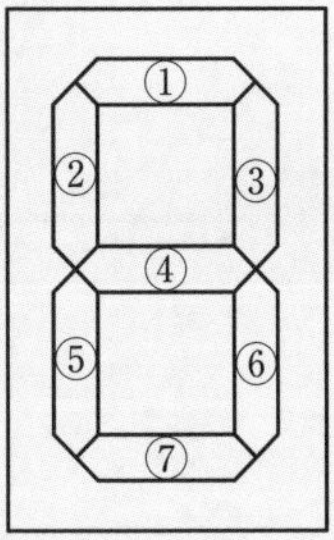

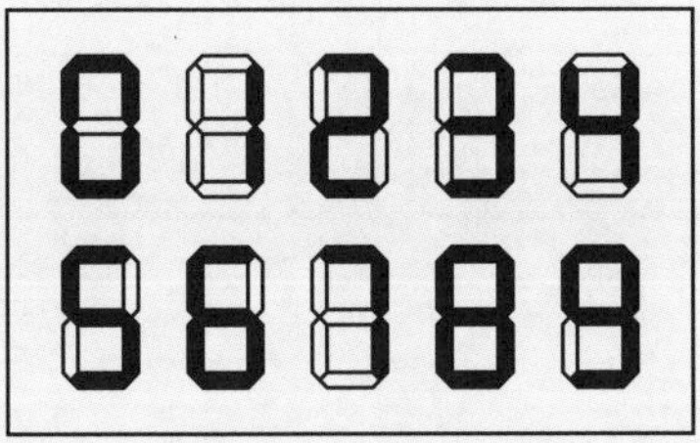

たとえば，次のように入力して，1+7=8を計算すると，点灯するセグメントの個数は2→3→7とつねに増えています。

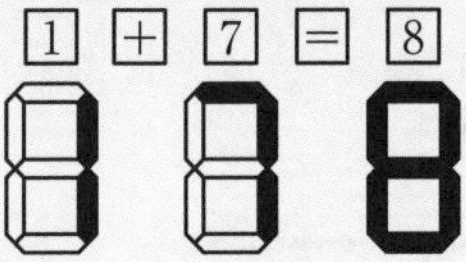

(1) 2個の異なる1けたの正の整数のたし算を行い，その結果が1けたの正の整数になったとします。このとき，点灯するセグメントの個数がつねに減るようなたし算の式を求めなさい。

(2) 3個の異なる1けたの正の整数のたし算を行い，その結果が1けたの正の整数になったとします。このとき，点灯するセグメントの個数がつねに増えるようなたし算の式を求めなさい。

◉執筆協力：水野 健太郎
◉DTP：株式会社 明昌堂
◉装丁デザイン：星 光信（Xing Design）
◉装丁イラスト：たじま なおと

◉編集担当：加藤 龍平・藤原 綾依・阿部 加奈子

実用数学技能検定 要点整理 数学検定３級

2021年 4 月30日 初 版発行
2023年 11月 9 日 第４刷発行

編 者 **公益財団法人 日本数学検定協会**
発 行 者 **髙田 忍**
発 行 所 **公益財団法人 日本数学検定協会**
〒110-0005 東京都台東区上野五丁目1番1号
FAX 03-5812-8346
https://www.su-gaku.net/
発 売 所 **丸善出版株式会社**
〒101-0051 東京都千代田区神田神保町二丁目17番
TEL 03-3512-3256 FAX 03-3512-3270
https://www.maruzen-publishing.co.jp/
印刷・製本 **株式会社ムレコミュニケーションズ**

ISBN978-4-901647-90-8 C0041

数学検定

実用数学技能検定® 数検

要点整理 3級

〈別冊〉

解答と解説

3

公益財団法人 日本数学検定協会

1-1 正の数，負の数

p.21

解答

1 (1) -20

(2) 9

(3) 8

(4) $-\frac{9}{4}$

2 ㋐…-5　㋑…0　㋒…-1

3 ㋐…＋　㋑…－　㋒…×

解説

1

(1) $-13+(-10)-(-3)$

$=-13-10+3$

$=-20$　**答え** -20

(2) $4-15\div(-3)$

$=4+5$

$=9$　**答え** 9

(3) $-(-2)^3\times3-4^2$

$=-(-8)\times3-16$

$=24-16$

$=8$　**答え** 8

(4) $1.25\times\left(-\frac{8}{5}\right)-\left(\frac{1}{2}\right)^2$

$=\frac{125}{100}\times\left(-\frac{8}{5}\right)-\frac{1}{4}$

$=\frac{5}{4}\times\left(-\frac{8}{5}\right)-\frac{1}{4}$

$=-2-\frac{1}{4}$

$=-\frac{9}{4}$　**答え** $-\frac{9}{4}$

2

斜(なな)めの数の和は，

$-4+1+2+7=6$

より，4つの数の和は6となる。

㋐	Ⓑ	6	-4
4	Ⓐ	1	3
㋑	2	5	㋒
7	-3		

よって，

Ⓐ$=6-(4+1+3)$

$=6-8$

$=-2$

Ⓑ$=6-(-2+2-3)$

$=6-(-3)$

$=9$

㋐$=6-(9+6-4)$

$=6-11$

$=-5$

㋑$=6-(-5+4+7)$

$=6-6$

$=0$

㋒$=6-(0+2+5)$

$=6-7$

$=-1$

答え ㋐…-5　㋑…0　㋒…-1

3

×，÷の記号を使わないとき，計算結果がもっとも大きくなるのは，㋐が＋，㋑が＋，㋒が－のときで，

$(+0.3)+\left(+\frac{9}{2}\right)-\left(-\frac{13}{9}\right)$

$=\frac{3}{10}+\frac{9}{2}+\frac{13}{9}=\frac{281}{45}=6.24\cdots$

㋑が×のときと÷のときを比べると，㋐に＋，－をうまく入れることによって，×のときのほうが計算結果を大きくできる。

㋐が＋，㋒が－のとき，

$(+0.3)\times\left(+\frac{9}{2}\right)-\left(-\frac{13}{9}\right)$

$=\frac{3}{10}\times\frac{9}{2}+\frac{13}{9}=\frac{503}{180}=2.79\cdots$

㋐が－，㋒が×のとき，

$(-0.3)\times\left(+\frac{9}{2}\right)\times\left(-\frac{13}{9}\right)$

$=\frac{3}{10}\times\frac{9}{2}\times\frac{13}{9}=\frac{39}{20}=1.95$

㋒が×のときと÷のときを比べると，×のときのほうが計算結果を大きくできる。

㋐が＋，㋑が－のとき，

$(+0.3)-\left(+\frac{9}{2}\right)\times\left(-\frac{13}{9}\right)$

$=\frac{3}{10}+\frac{9}{2}\times\frac{13}{9}=\frac{34}{5}=6.8$

答え ㋐…＋　㋑…－　㋒…×

1-2 文字と式

p.27

解答

1 (1) $\frac{9}{10}x$(円)

(2) a^2b(cm^3)

2 (1) 立方体の表面積

(2) 立方体の体積

3 (1) -7

(2) 5

(3) $\frac{1}{4}$

4 ㋑，㋓

5 (1) $-4x-4$

(2) $-x+11$

(3) $\frac{11x+1}{12}$

(4) $\frac{x-2}{6}$

解説

1

(1) 品物を1割引きで買うとき，代金はもとの $1-\frac{1}{10}=\frac{9}{10}$(倍)だから，

$x\times\frac{9}{10}=\frac{9}{10}x$(円)　**答え** $\frac{9}{10}x$(円)

(2) 底面積は，$a\times a=a^2$(cm^2)

よって，直方体の体積は，

$a^2\times b=a^2b$(cm^3)　**答え** a^2b(cm^3)

2

(1) 立方体は，面積がa^2cm^{2}の面が6面あるから，$6a^2$は立方体の表面積を表している。 **答え** **立方体の表面積**

(2) 底面積がa^2cm^2，高さが$a$cmであるから，a^3は立方体の体積を表している。 **答え** **立方体の体積**

3

(1) $-4x+5=-4\times3+5$
$=-12+5$
$=-7$ **答え** -7

(2) $-\dfrac{10}{y}=-\dfrac{10}{-2}$
$=-(-5)$
$=5$ **答え** 5

(3) $\dfrac{3x+y^3}{4}=\dfrac{3\times3+(-2)^3}{4}$
$=\dfrac{9+(-8)}{4}$
$=\dfrac{1}{4}$ **答え** $\dfrac{1}{4}$

4

㋐…$a=-2$，$b=-3$のとき正の数になる。

㋑…a，bはいずれも0でないから，
$a^2>0$より$-a^2<0$，
$b^2>0$より$-b^2<0$
となり，$-a^2-b^2$の値(あたい)はいつも負の数になる。

㋒…㋒の式はa^2+b^2と変形できる。
$a^2>0$，$b^2>0$より，$(-a)^2-(-b^2)$の値はいつも正の数になる。

㋓…㋑と同じように考えられるので，
$-a^2+(-b^2)$の値はいつも負の数になる。 **答え** ㋑，㋓

5

(1) $5x-1-3(3x+1)$
$=5x-1-9x-3$
$=-4x-4$ **答え** $-4x-4$

(2) $2(x-2)-3(x-5)$
$=2x-4-3x+15$
$=-x+11$ **答え** $-x+11$

(3) $\dfrac{3x+1}{4}+\dfrac{x-1}{6}$
$=\dfrac{3(3x+1)}{12}+\dfrac{2(x-1)}{12}$
$=\dfrac{3(3x+1)+2(x-1)}{12}$
$=\dfrac{9x+3+2x-2}{12}$
$=\dfrac{11x+1}{12}$ **答え** $\dfrac{11x+1}{12}$

(4) $0.5x+\dfrac{2x-1}{3}-x$
$=\dfrac{x}{2}+\dfrac{2x-1}{3}-x$
$=\dfrac{3x}{6}+\dfrac{2(2x-1)}{6}-\dfrac{6x}{6}$
$=\dfrac{3x+2(2x-1)-6x}{6}$
$=\dfrac{3x+4x-2-6x}{6}$
$=\dfrac{x-2}{6}$ **答え** $\dfrac{x-2}{6}$

1-3 1次方程式

p.34

解答

1
(1) $x=-2$
(2) $x=-5$
(3) $x=11$
(4) $x=6$
(5) $x=\frac{1}{4}$
(6) $x=-10$
(7) $x=\frac{11}{10}$
(8) $x=9$

2
(1) $x=\frac{1}{3}x+\left(\frac{1}{5}x+10\right)+130$
(2) 1日めのほうが30ページ多い

3
高速道路の長さ… 144km
行きにかかった時間… 1時間48分

4
(1) $3x+86=5(x+10)$
(2) 140人

5
$x=42$

解説

1

(1)
$$3x=4x+2$$
$$3x-4x=2$$
$$-x=2$$
$$x=-2$$
答え $x=-2$

(2)
$$4x+1=2x-9$$
$$4x-2x=-9-1$$
$$2x=-10$$
$$x=-5$$
答え $x=-5$

(3)
$$2(x-3)=x+5$$
$$2x-6=x+5$$
$$2x-x=5+6$$
$$x=11$$
答え $x=11$

(4)
$$3(5-x)=2(4-x)+1$$
$$15-3x=8-2x+1$$
$$-3x+2x=9-15$$
$$-x=-6$$
$$x=6$$
答え $x=6$

(5)
$$1.6x-0.3=0.4x$$
$$16x-3=4x$$
$$16x-4x=3$$
$$12x=3$$
$$x=\frac{1}{4}$$
答え $x=\frac{1}{4}$

(6)
$$0.5(x+1)=0.25x-2$$
$$50(x+1)=25x-200$$
$$50x+50=25x-200$$
$$50x-25x=-200-50$$
$$25x=-250$$
$$x=-10$$

〔別の解き方〕

$0.5=\frac{1}{2}$, $0.25=\frac{1}{4}$より,
$$\frac{1}{2}(x+1)=\frac{1}{4}x-2$$
$$2(x+1)=x-8$$
$$2x+2=x-8$$
$$2x-x=-8-2$$
$$x=-10$$
答え $x=-10$

(7) $\frac{2x-1}{4}=-\frac{x-2}{3}$

$3(2x-1)=-4(x-2)$

$6x-3=-4x+8$

$6x+4x=8+3$

$10x=11$

$x=\frac{11}{10}$ 答え $x=\frac{11}{10}$

(8) $\frac{x}{3}+5=\frac{x+7}{2}$

$2x+30=3(x+7)$

$2x+30=3x+21$

$2x-3x=21-30$

$-x=-9$

$x=9$ 答え $x=9$

2

(1) 1日めに読んだページ数は$\frac{1}{3}x$，2日めに読んだページ数は$\frac{1}{5}x+10$であるから，全体のページ数について，

$x=\frac{1}{3}x+\left(\frac{1}{5}x+10\right)+130$

答え $x=\frac{1}{3}x+\left(\frac{1}{5}x+10\right)+130$

(2) (1)の方程式を解いて，$x=300$

よって，1日めには，$\frac{1}{3}\times300=100$（ページ），2日めには，$\frac{1}{5}\times300+10=70$（ページ）読んだことになり，1日めのほうが2日めより $100-70=30$（ページ）多く読んだことになる。

答え 1日めのほうが30ページ多い

3

高速道路の長さを$x$kmとすると，行きと帰りにかかった時間について，

$\frac{x}{80}+3=\frac{x}{30}$

これを解いて，$x=144$

また，$144\div80=\frac{9}{5}=1\frac{48}{60}$

よって，高速道路の長さは，144km

行きにかかった時間は，1時間48分

〔別の解き方〕

行きにかかった時間をx時間とすると，高速道路の長さについて，

$80x=30(x+3)$

これを解いて，$x=\frac{9}{5}=1\frac{48}{60}$

また，$80\times\frac{9}{5}=144$

答え 高速道路の長さ…144km

行きにかかった時間…1時間48分

4

(1) 3人ずつ座ったときの卒業生の人数は，

$3x+86$(人)

長椅子(ながいす)を10脚(きゃく)増やし，5人ずつ座ったときの卒業生の人数は，

$5(x+10)$(人)

と表される。

これらは等しいから，

$3x+86=5(x+10)$

答え $3x+86=5(x+10)$

(2) $3x+86=5(x+10)$を解いて，$x=18$

よって，卒業生の人数は，

$3\times18+86=140$(人) **答え** 140人

5

110円の商品を2割引きで買うときの代金は，

$110\times\left(1-\frac{2}{10}\right)=88$(円)

よって，x個の商品を買ったときの代金は，

$110\times20+88(x-20)$

$=2200+88x-1760$

$=88x+440$(円)

一方，すべての商品をもとの値段で買う場合の1割引きより22円安い代金は，

$110x\times\left(1-\frac{1}{10}\right)-22$

$=99x-22$(円)

これらは等しいから，

$88x+440=99x-22$

これを解いて，$x=42$ **答え** $x=42$

1-4 式の計算

p.41

解答

1
(1) $3x-2y$
(2) $-5x+18y$
(3) $12x+2y$
(4) $-0.5x+y$
(5) $\frac{5x+3y}{6}$
(6) $\frac{-19x+y}{10}$

2
(1) $\frac{3x}{16}$
(2) $-9x^2y^2$

3
(1) 24
(2) 8

4
(1) $y=\frac{4x-3}{2}$
(2) $h=\frac{3V}{a^2}$

5
(1) $2x+4y$(cm²)
(2) $y=\frac{-x+15}{2}$

解説

1

(1) $(x-3y)+(2x+y)$

$=x-3y+2x+y$

$=x+2x-3y+y$

$=3x-2y$ **答え** $3x-2y$

(2) $4(x+3y)-3(3x-2y)$

$=4x+12y-9x+6y$

$=4x-9x+12y+6y$

$=-5x+18y$ **答え** $-5x+18y$

(3) $14\left(\frac{1}{2}x-\frac{1}{7}y\right)+6\left(\frac{5}{6}x+\frac{2}{3}y\right)$

$=7x-2y+5x+4y$

$=7x+5x-2y+4y$

$=12x+2y$ 答え $\mathbf{12x+2y}$

(4) $0.25(x+y)-0.75(x-y)$

$=0.25x+0.25y-0.75x+0.75y$

$=0.25x-0.75x+0.25y+0.75y$

$=-0.5x+y$ 答え $\mathbf{-0.5x+y}$

(5) $\frac{x+5y}{6}+\frac{2x-y}{3}$

$=\frac{x+5y}{6}+\frac{2(2x-y)}{6}$

$=\frac{x+5y}{6}+\frac{4x-2y}{6}$

$=\frac{x+5y+4x-2y}{6}$

$=\frac{x+4x+5y-2y}{6}$

$=\frac{5x+3y}{6}$ 答え $\mathbf{\frac{5x+3y}{6}}$

(6) $\frac{3x-2y}{5}-\frac{5x-y}{2}$

$=\frac{2(3x-2y)}{10}-\frac{5(5x-y)}{10}$

$=\frac{6x-4y}{10}-\frac{25x-5y}{10}$

$=\frac{6x-4y-25x+5y}{10}$

$=\frac{6x-25x-4y+5y}{10}$

$=\frac{-19x+y}{10}$ 答え $\mathbf{\frac{-19x+y}{10}}$

2

(1) $3x^3y^2\div(-4xy)^2=3x^3y^2\div16x^2y^2$

$=\frac{3x^3y^2}{16x^2y^2}$

$=\frac{3x}{16}$ 答え $\mathbf{\frac{3x}{16}}$

(2) $-12x^2y^3\div4xy^2\times3xy$

$=-\frac{12x^2y^3\times3xy}{4xy^2}$

$=-9x^2y^2$ 答え $\mathbf{-9x^2y^2}$

3

式を簡単にしてから代入する。

(1) $7x-5y-(2x-3y)$

$=7x-5y-2x+3y$

$=5x-2y$

$=5\times4-2\times(-2)$

$=20+4$

$=24$ 答え **24**

(2) $-x^3y^4\div4x^2y=-\frac{x^3y^4}{4x^2y}$

$=-\frac{xy^3}{4}$

$=-\frac{4\times(-2)^3}{4}$

$=8$ 答え **8**

4

(1) $4x-2y-3=0$

$-2y=-4x+3$

$y=\frac{4x-3}{2}$

答え $\mathbf{y=\frac{4x-3}{2}}$

(2) $V=\frac{1}{3}a^2h$

$\frac{1}{3}a^2h=V$

$a^2h=3V$

$h=\frac{3V}{a^2}$　　**答え** $h=\frac{3V}{a^2}$

5

(1) 台形 PBCD の面積は,

$\frac{1}{2}\times(\mathrm{PD}+\mathrm{BC})\times\mathrm{AB}$

$=\frac{1}{2}\times\{y+(x+y)\}\times4$

$=2(x+2y)$

$=2x+4y\,(\mathrm{cm}^2)$

〔別の解き方〕

台形 PBCD は，長方形 ABCD から △ ABP を除いたものであるから，面積は，

(長方形 ABCD の面積)−(△ ABP の面積)

$=\mathrm{AB}\times\mathrm{AD}-\frac{1}{2}\times\mathrm{AP}\times\mathrm{AB}$

$=4\times(x+y)-\frac{1}{2}\times x\times4$

$=4(x+y)-2x$

$=4x+4y-2x$

$=4x-2x+4y$

$=2x+4y\,(\mathrm{cm}^2)$

答え $2x+4y\,(\mathrm{cm}^2)$

(2) $2x+4y=30$ より，$4y=-2x+30$

$y=\frac{-2x+30}{4}$

$=\frac{-x+15}{2}$　　**答え** $y=\frac{-x+15}{2}$

1-5 連立方程式

p.48

解答

1 (1) $x=2$，$y=1$

(2) $x=-1$，$y=-1$

(3) $x=\frac{1}{3}$，$y=\frac{2}{3}$

(4) $x=1$，$y=4$

(5) $x=-2$，$y=5$

(6) $x=-1$，$y=\frac{8}{3}$

2 (1) $\begin{cases} x+4y=1040 \\ 2x+5y=1660 \end{cases}$

(2) 大人… 480 円

子ども… 140 円

3 (1) $\begin{cases} 5x+3y=1430 \\ 3x+5y=1530 \end{cases}$

(2) A … 160 円

B … 210 円

4 (1) $\begin{cases} x+y=190 \\ \frac{10}{100}x+\frac{5}{100}y=15 \end{cases}$

(2) 東地区… 121 人

西地区… 84 人

5 (1) $\begin{cases} 18x+18y=6000 \\ 90x-90y=6000 \end{cases}$

(2) ひさしさん…分速 200m

てつおさん…分速$\frac{400}{3}$m

解説

1

(1) $\begin{cases} 4x-7y=1 & \cdots① \\ 6x+5y=17 & \cdots② \end{cases}$

①×3−②×2 より，

$$\begin{array}{r} 12x-21y=3 \\ -)\ 12x+10y=34 \\ \hline -31y=-31 \\ y=1 \end{array}$$

$y=1$ を①に代入して，

$4x-7=1$

$4x=8$

$x=2$　**答え** $x=2$，$y=1$

(2) $\begin{cases} x=2y+1 & \cdots① \\ y=2x+1 & \cdots② \end{cases}$

①を②に代入して，

$y=2(2y+1)+1$

$y=4y+2+1$

$-3y=3$

$y=-1$

$y=-1$ を①に代入して，

$x=-2+1=-1$

答え $x=-1$，$y=-1$

(3) $\begin{cases} y=2x & \cdots① \\ y=-x+1 & \cdots② \end{cases}$

①，②の右辺が等しいことから，

$2x=-x+1$

$3x=1$

$x=\frac{1}{3}$

$x=\frac{1}{3}$ を①に代入して，$y=2\times\frac{1}{3}=\frac{2}{3}$

答え $x=\frac{1}{3}$，$y=\frac{2}{3}$

(4) $\begin{cases} 5x+2y=13 & \cdots① \\ x+3y=13 & \cdots② \end{cases}$

になおして解く。

①−②×5 より，

$$\begin{array}{r} 5x+\ 2y=13 \\ -)\ 5x+15y=65 \\ \hline -13y=-52 \\ y=4 \end{array}$$

$y=4$ を②に代入して，

$x+12=13$

$x=1$　**答え** $x=1$，$y=4$

(5) $\begin{cases} -0.5x+0.4y=3 & \cdots① \\ 2x-y=-9 & \cdots② \end{cases}$

①の両辺に 10 をかけて，

$-5x+4y=30$ …①′

①′+②×4 より，

$$\begin{array}{r} -5x+4y=30 \\ +)\ 8x-4y=-36 \\ \hline 3x\qquad=-6 \\ x\qquad=-2 \end{array}$$

$x=-2$ を②に代入して，

$-4-y=-9$

$-y=-5$

$y=5$　**答え** $x=-2$，$y=5$

(6) $\begin{cases} 5(x+2y)=7y+3 & \cdots ① \\ \dfrac{x}{3}+\dfrac{y}{2}=1 & \cdots ② \end{cases}$

①を簡単にして，

$5x+10y=7y+3$

$5x+3y=3 \quad \cdots ①'$

②の両辺に6をかけて，

$2x+3y=6 \quad \cdots ②'$

①′−②′より，

$$\begin{array}{rl} 5x+3y&=3 \\ -)\ 2x+3y&=6 \\ \hline 3x&=-3 \\ x&=-1 \end{array}$$

$x=-1$ を①′に代入して，

$-5+3y=3$

$3y=8$

$y=\dfrac{8}{3}$ **答え** $x=-1$，$y=\dfrac{8}{3}$

2

(1) 大人1人と子ども4人の入園料は1040円だから，

$x+4y=1040 \quad \cdots ①$

大人2人と子ども5人の入園料は1660円だから，

$2x+5y=1660 \quad \cdots ②$

答え $\begin{cases} x+4y=1040 \\ 2x+5y=1660 \end{cases}$

(2) ①×2−②より，

$$\begin{array}{rl} 2x+8y&=2080 \\ -)\ 2x+5y&=1660 \\ \hline 3y&=420 \\ y&=140 \end{array}$$

$y=140$ を①に代入して，

$x+560=1040$

$x=480$

答え 大人…480円　子ども…140円

3

(1) A5冊，B3冊の代金は $5x+3y$(円)と表されるから，ひろしさんの払った代金について，

$5x+3y=1430 \quad \cdots ①$

よしきさんはA3冊，B5冊を買い，その代金は $3x+5y$(円)と表される。

これが $1430+100=1530$(円)に等しいから，

$3x+5y=1530 \quad \cdots ②$

答え $\begin{cases} 5x+3y=1430 \\ 3x+5y=1530 \end{cases}$

(2) ①×5−②×3より，

$$\begin{array}{rl} 25x+15y&=7150 \\ -)\ \ 9x+15y&=4590 \\ \hline 16x&=2560 \\ x&=160 \end{array}$$

$x=160$ を①に代入して，

$800+3y=1430$

$3y=630$

$y=210$

答え A…160円　B…210円

4

(1) 去年ボランティア活動に参加した人数について，

$x+y=190 \quad \cdots ①$

今年増えた人数について，

$\dfrac{10}{100}x+\dfrac{5}{100}y=15 \quad \cdots ②$

答え $\begin{cases} x+y=190 \\ \dfrac{10}{100}x+\dfrac{5}{100}y=15 \end{cases}$

(2) ②の両辺に 20 をかけて，

$2x+y=300$ …③

③−①より，

$$\begin{array}{rl} 2x+y&=300 \\ -)\ \ x+y&=190 \\ \hline x\quad\ &=110 \end{array}$$

$x=110$ を①に代入して，

$110+y=190$

$y=80$

今年ボランティア活動に参加した人数は，東地区が，

$\left(1+\frac{10}{100}\right)x=\frac{11}{10}\times110=121$（人）

西地区が，

$\left(1+\frac{5}{100}\right)y=\frac{21}{20}\times80=84$（人）

答え **東地区… 121 人**

西地区… 84 人

5

(1) ひさしさんとてつおさんが反対方向に走るとき，18 分間に 2 人が走った道のりの合計が 6000m となるから，

$18x+18y=6000$ …①

ひさしさんとてつおさんが同じ方向に走るとき，90 分間にひさしさんが走った道のりが，90 分間にてつおさんが走った道のりより 6000m 多くなるから，

$90x-90y=6000$ …②

答え $\begin{cases} 18x+18y=6000 \\ 90x-90y=6000 \end{cases}$

(2) ①×5+②より，

$$\begin{array}{rl} 90x+90y&=30000 \\ +)\ \ 90x-90y&=\ \ 6000 \\ \hline 180x\qquad\ &=36000 \\ x\qquad\ &=200 \end{array}$$

$x=200$ を①に代入して，

$3600+18y=6000$

$18y=2400$

$y=\frac{400}{3}$

よって，$x=200$，$y=\frac{400}{3}$

〔別の解き方〕

①の両辺を 6 でわって，

$3x+3y=1000$ …①′

②の両辺を 30 でわって，

$3x-3y=200$ …②′

①′+②′より，

$$\begin{array}{rl} 3x+3y&=1000 \\ +)\ 3x-3y&=200 \\ \hline 6x\qquad&=1200 \\ x\qquad&=200 \end{array}$$

①′に $x=200$ を代入して，

$600+3y=1000$

$3y=400$

$y=\frac{400}{3}$

よって，$x=200$，$y=\frac{400}{3}$

答え **ひさしさん…分速 200m**

てつおさん…分速 $\frac{400}{3}$m

1-6 式の展開と因数分解

p.55

解答

1

(1) $-2a^2+a+3$

(2) $25a^2-30ab+9b^2$

(3) $12a$

(4) $32a^2+2b^2$

2

(1) $ab^2(b^2-a+2b)$

(2) $(x+y)(x-5y)$

(3) $(x-6)^2$

(4) $a(4a+1)(4a-1)$

3

中央の整数をnとおくと，3つの整数は小さい順に$n-1$，n，$n+1$と表される。このとき，連続する3つの整数をそれぞれ2乗した数の和は，

$(n-1)^2+n^2+(n+1)^2$

$=(n^2-2n+1)+n^2+(n^2+2n+1)$

$=3n^2+2$

と表される。また，3つの整数のうちもっとも大きい数ともっとも小さい数の積の3倍は，

$3(n+1)(n-1)$

$=3(n^2-1)$

$=3n^2-3$

であるから，その差は，

$(3n^2+2)-(3n^2-3)$

$=3n^2+2-3n^2+3$

$=5$

となり，値(あたい)は必ず5になる。

解説

1

(1) 展開の公式

$(a+b)(c+d)=ac+ad+bc+bd$

を用いて計算する。

$(a+1)(3-2a)=3a-2a^2+3-2a$

$=-2a^2+a+3$

答え $-2a^2+a+3$

(2) 乗法公式

$(x-a)^2=x^2-2ax+a^2$

を用いて計算する。

$(5a-3b)^2$

$=(5a)^2-2\times5a\times3b+(3b)^2$

$=25a^2-30ab+9b^2$

答え $25a^2-30ab+9b^2$

(3) 乗法公式

$(x+a)(x+b)=x^2+(a+b)x+ab$

を用いて計算する。

$(a+3)(a+2)-(a-6)(a-1)$

$=(a^2+5a+6)-(a^2-7a+6)$

$=12a$ **答え** $12a$

(4) 乗法公式

$(x+a)^2=x^2+2ax+a^2$

$(x-a)^2=x^2-2ax+a^2$

を用いて計算する。

$(4a+b)^2+(4a-b)^2$

$=(16a^2+8ab+b^2)+(16a^2-8ab+b^2)$

$=32a^2+2b^2$ **答え** $32a^2+2b^2$

2

(1) 共通因数をくくり出して因数分解する。

$$ab^4-a^2b^2+2ab^3=ab^2(b^2-a+2b)$$

答え $\boldsymbol{ab^2(b^2-a+2b)}$

(2) 因数分解の公式

$$x^2+(a+b)x+ab=(x+a)(x+b)$$

を用いる。

$$x^2-4xy-5y^2=(x+y)(x-5y)$$

答え $\boldsymbol{(x+y)(x-5y)}$

(3) 因数分解の公式

$$x^2-2ax+a^2=(x-a)^2$$

を用いる。

$$x^2-12x+36=(x-6)^2$$

答え $\boldsymbol{(x-6)^2}$

(4) 共通因数をくくり出したのち，因数分解の公式

$$x^2-a^2=(x+a)(x-a)$$

を用いる。

$$16a^3-a=a(16a^2-1)$$
$$=a(4a+1)(4a-1)$$

答え $\boldsymbol{a(4a+1)(4a-1)}$

3

連続する3つの整数のうちいずれかをnとおいて，連続する3つの整数をそれぞれ2乗した数の和と，3つの整数のうちもっとも大きい数ともっとも小さい数の積の3倍を，それぞれnを用いて表し，その差を計算する。

1-7 平方根

p. 61

解答

1 $\frac{2}{\sqrt{5}}<\sqrt{\frac{5}{2}}<2.5$

2 8.66

3 (1) $10\sqrt{3}$

(2) $\frac{\sqrt{5}}{5}$

(3) $2\sqrt{2}$

(4) $-3\sqrt{5}$

(5) 4

(6) $6\sqrt{2}$

4 (1) $n=8$，12

(2) 4個

5 9個

解説

1

3つの数を2乗して大小を比較(ひかく)する。

$\left(\sqrt{\frac{5}{2}}\right)^2=\frac{5}{2}$，$(2.5)^2=6.25$，

$\left(\frac{2}{\sqrt{5}}\right)^2=\frac{4}{5}$，$\frac{4}{5}<\frac{5}{2}<6.25$ だから，3つの数の大小は，

$$\frac{2}{\sqrt{5}}<\sqrt{\frac{5}{2}}<2.5$$

答え $\frac{2}{\sqrt{5}}<\sqrt{\frac{5}{2}}<2.5$

2

$$\frac{30}{\sqrt{12}}=\frac{30}{2\sqrt{3}}=\frac{15}{\sqrt{3}}=\frac{15\sqrt{3}}{3}=5\sqrt{3}$$

これに $\sqrt{3}=1.732$ を代入して，

$5\times1.732=8.66$ **答え** **8.66**

3

(1) $\sqrt{20}\times\sqrt{15}=\sqrt{2^2\times5}\times\sqrt{3\times5}$

$=10\sqrt{3}$ 　**答え** $10\sqrt{3}$

(2) $\sqrt{27}\div\sqrt{135}=\dfrac{\sqrt{27}}{\sqrt{135}}$

$=\sqrt{\dfrac{27}{135}}$

$=\sqrt{\dfrac{1}{5}}$

$=\dfrac{1}{\sqrt{5}}$

$=\dfrac{1\times\sqrt{5}}{\sqrt{5}\times\sqrt{5}}$

$=\dfrac{\sqrt{5}}{5}$ 　**答え** $\dfrac{\sqrt{5}}{5}$

(3) $\sqrt{18}+\sqrt{32}-\sqrt{50}$

$=3\sqrt{2}+4\sqrt{2}-5\sqrt{2}$

$=2\sqrt{2}$ 　**答え** $2\sqrt{2}$

(4) $\sqrt{5}(\sqrt{20}-3)-10$

$=\sqrt{5}(2\sqrt{5}-3)-10$

$=10-3\sqrt{5}-10$

$=-3\sqrt{5}$ 　**答え** $-3\sqrt{5}$

(5) $(\sqrt{3}-1)^2+\dfrac{6}{\sqrt{3}}$

$=3-2\sqrt{3}+1+\dfrac{6\sqrt{3}}{3}$

$=4-2\sqrt{3}+2\sqrt{3}$

$=4$ 　**答え** 4

(6) $(\sqrt{2}+4)(\sqrt{8}-1)-\dfrac{2}{\sqrt{2}}$

$=(\sqrt{2}+4)(2\sqrt{2}-1)-\dfrac{2\sqrt{2}}{2}$

$=4-\sqrt{2}+8\sqrt{2}-4-\sqrt{2}$

$=6\sqrt{2}$ 　**答え** $6\sqrt{2}$

4

(1) 条件を満たすのは，$25-2n$ がある正の整数の２乗になるときである。

n が正の整数のとき，$25-2n<25$ であるから，$25-2n$ は

0，1，4，9，16

$25-2n=0$ のとき，n は整数ではない。

$25-2n=1$ のとき，$n=12$

$25-4n=4$ のとき，n は整数ではない。

$25-2n=9$ のとき，$n=8$

$25-2n=16$ のとき，n は整数ではない。

したがって，求める n は，$n=8$，12

答え $n=8$，12

(2) $\sqrt{\dfrac{100}{n}}=\sqrt{\dfrac{2^2\times5^2}{n}}$ であるから，

n は 1，2^2，5^2，$2^2\times5^2$ の４個

答え ４個

5

$(1.1)^2=1.21$，$(\sqrt{n})^2=n$，$\left(\dfrac{11}{\sqrt{11}}\right)^2=11$

より

$1.21<n<11$

よって，$1.1<\sqrt{n}<\dfrac{11}{\sqrt{11}}$ を満たす n は，

$n=2$，3，4，5，6，7，8，9，10 の 9 個 　**答え** ９個

1-8 2次方程式

p.69

解答

1 (1) $x=\pm\sqrt{6}$

(2) $x=-4\pm\sqrt{7}$

(3) $x=2\pm\sqrt{5}$

(4) $x=\dfrac{-3\pm\sqrt{33}}{6}$

(5) $x=-5,\ -1$

(6) $x=0,\ \dfrac{4}{3}$

(7) $x=7$

(8) $x=-2$

2 14日

3 0，1，2または2，3，4

4 13cm

5 十一角形

6 4cmまたは8cm

解説

1

(1) $2x^2=12$

$x^2=6$

よって，解は，$x=\pm\sqrt{6}$

答え $x=\pm\sqrt{6}$

(2) $x+4=\pm\sqrt{7}$

よって，解は，$x=-4\pm\sqrt{7}$

答え $x=-4\pm\sqrt{7}$

(3) 解の公式に $a=1$，$b=-4$，$c=-1$ を代入すると，

$$x=\frac{-(-4)\pm\sqrt{(-4)^2-4\times1\times(-1)}}{2\times1}$$
$$=\frac{4\pm\sqrt{20}}{2}$$
$$=\frac{4\pm2\sqrt{5}}{2}$$
$$=2\pm\sqrt{5}$$

答え $x=2\pm\sqrt{5}$

(4) 解の公式に $a=3$，$b=3$，$c=-2$ を代入すると，

$$x=\frac{-3\pm\sqrt{3^2-4\times3\times(-2)}}{2\times3}$$
$$=\frac{-3\pm\sqrt{33}}{6}$$

答え $x=\dfrac{-3\pm\sqrt{33}}{6}$

(5) 左辺を因数分解して，

$(x+5)(x+1)=0$

$x+5=0$ または $x+1=0$ より，解は，

$x=-5$，-1 **答え** $x=-5,\ -1$

(6) $4x$ を左辺に移項（いこう）して，$3x^2-4x=0$

左辺を因数分解して，$x(3x-4)=0$

$x=0$ または $3x-4=0$ より，解は，

$x=0$，$\dfrac{4}{3}$ **答え** $x=0,\ \dfrac{4}{3}$

(7) 左辺を因数分解して，$(x-7)^2=0$

$x-7=0$ より，解は，$x=7$

答え $x=7$

(8) 両辺に4をかけて分母を払(はら)うと，

$x^2+4x+4=0$

左辺を因数分解して，$(x+2)^2=0$

$x+2=0$ より，解は，$x=-2$

〔別の解き方〕

$$\left(\frac{1}{2}x+1\right)^2=0$$

$\frac{1}{2}x+1=0$ より，解は，$x=-2$

答え $x=-2$

2

x 日の1つ左にある数は $x-1$，1つ下にある数は $x+7$ と表されるから，

$$(x-1)(x+7)=273$$
$$x^2+6x-7=273$$
$$x^2+6x-280=0$$
$$(x+20)(x-14)=0$$

よって，$x=-20$，14

$1 \leqq x \leqq 30$ であるから，けいこさんの誕生日は，14日である。問題文のカレンダーを見ると，14日の1つ左は13日，1つ下は21日であるから，これは問題に合う。

答え 14日

3

最大の数は $x+1$，最小の数は $x-1$，中央の数の2乗は x^2 だから，

$$(x+1)^2-(x-1)^2=x^2+3$$
$$(x^2+2x+1)-(x^2-2x+1)=x^2+3$$
$$x^2-4x+3=0$$
$$(x-1)(x-3)=0$$

よって，$x=1$，3

これより，3つの数は，

0，1，2または2，3，4

答え 0，1，2または2，3，4

4

正方形ABCDの1辺の長さを $x$cm とすると，辺EFの長さは $x-9$(cm)，辺FGの長さは $x+3$(cm)だから，長方形EFGHの面積は，

$$(x-9)(x+3)=x^2-6x-27\,(\text{cm}^2)$$

$x^2-6x-27=64$ より，$x^2-6x-91=0$

$(x+7)(x-13)=0$

よって，$x=-7$，13

$x>9$ より，正方形ABCDの1辺の長さは，13cm

答え 13cm

5

$\frac{1}{2}n(n-3)=44$ より，$n(n-3)=88$

$n^2-3n-88=0$

$(n+8)(n-11)=0$

よって，$n=-8$，11

n は4以上の整数だから，$n=11$

よって，求める多角形は，十一角形

答え 十一角形

6

AP$=x$cm とすると，PB$=12-x$(cm)，BQ$=x$cm であるから，△PBQの面積について，

$$\frac{1}{2}x(12-x)=16$$
$$x(12-x)=32$$
$$-x^2+12x-32=0$$
$$x^2-12x+32=0$$
$$(x-4)(x-8)=0$$

よって，$x=4$，8

これらはともに $0<x<12$ を満たすから，線分APの長さは，4cmまたは8cm

答え 4cmまたは8cm

2-1 比例，反比例

p.78

解答

1 (1) $y=\frac{1}{3}x$

(2) $y=12$

2 (1) $y=\frac{5}{2}x$

(2) 75回転

3 (1) $a=2$

(2) $6cm^2$

解説

1

(1) y は x に比例するので，$y=ax$ とおく。$y=ax$ に $x=15$，$y=5$ を代入して，

$5=a\times15$

$a=\frac{1}{3}$

よって，$y=\frac{1}{3}x$　**答え** $y=\frac{1}{3}x$

(2) y は x に反比例するので，$y=\frac{a}{x}$ とおく。$y=\frac{a}{x}$ に $x=8$，$y=-3$ を代入して，

$-3=\frac{a}{8}$

$a=-24$

よって，$y=-\frac{24}{x}$

$y=-\frac{24}{x}$ に $x=-2$ を代入して，

$y=-\frac{24}{-2}=12$　**答え** $y=12$

2

(1) 円盤(えんばん)A，Bの周の長さの比は，半径の比に等しく5：2である。x と y の比は，円盤A，Bの半径の逆の比の2：5になるから，

$x:y=2:5$

$2y=5x$

$y=\frac{5}{2}x$　**答え** $y=\frac{5}{2}x$

(2) $x=30$ を $y=\frac{5}{2}x$ に代入して，

$y=\frac{5}{2}\times30=75$　**答え** 75回転

3

(1) $y=4$ を②に代入して，

$4=\frac{8}{x}$

$4x=8$

$x=2$

よって，点Aの座標は(2，4)である。

$x=2$，$y=4$ を①に代入して，

$4=2\times a$

これを解いて，$a=2$　**答え** $a=2$

(2) $x=3$ を①に代入して，

$y=2\times3=6$

よって，点Bの座標は(3，6)であるから，点Cの座標は(0，6)である。点Aの座標は(2，4)であるから，△OACは底辺が6cm，高さが2cmの三角形である。面積は，

$6\times2\times\frac{1}{2}=6(cm^2)$　**答え** $6cm^2$

2-2 1次関数

p. 85

解答

1 (1) $y=3x-6$

(2) $y=-x+1$

(3) $y=-4x-2$

2 (1) $a=2$

(2) (1，0)

3 会場… B会場

費用の合計… 90000円

解説

1

(1) 傾き(かたむ)が3であるから，求める直線の式を $y=3x+b$ とおく。これに $x=2$，$y=0$ を代入して，

$0=3\times2+b$

これを解いて，$b=-6$

よって，$y=3x-6$

答え $y=3x-6$

(2) 求める直線の式を $y=ax+b$ とおく。この直線は2点$(-2,\ 3)$，$(2,\ -1)$を通るので，

$$\begin{cases} 3=-2a+b \\ -1=2a+b \end{cases}$$

これを解いて，$a=-1$，$b=1$

よって，$y=-x+1$

答え $y=-x+1$

(3) 求める直線は，直線 $y=-4x+7$ に平行なので，傾きは-4となる。

$y=-4x+b$ に $x=-3$，$y=10$ を代入して，

$10=-4\times(-3)+b$

$b=-2$ 答え $y=-4x-2$

2

(1) 直線 ℓ の式に $x=4$ を代入して，

$y=\frac{1}{2}\times4+4=6$

よって，点Aの y 座標は6である。

$x=4$，$y=6$ を直線 m の式に代入して，

$6=a\times4-2$

これを解いて，$a=2$ 答え $a=2$

(2) (1)より，直線 m の式は $y=2x-2$ となる。これに $y=0$ を代入して，

$0=2x-2$

これを解いて，$x=1$

よって，点Bの座標は(1，0)

答え (1，0)

3

招待客が x 人のときの費用を y 円とすると，3つの会場の費用はそれぞれ，

A 会場：$y=100000$

B 会場：$y=1000x+20000$

C 会場：$y=2000x$

となる。

よって，これらをグラフに表すと，下のようになる。

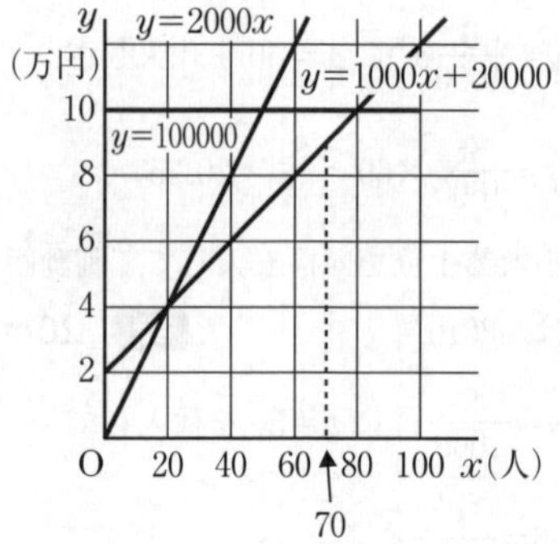

$x=70$ のときのグラフがもっとも下にあるのは，$y=1000x+20000$ だから，参加する人数が 70 人のとき費用の合計がもっとも安くなるのはB会場であり，費用の合計は，

$1000\times70+20000=90000$(円)

答え **会場…B 会場**

費用の合計…90000 円

2-3 関数 $y=ax^2$

p.93

解答

1 (1) $y=\frac{3}{5}x^2$

(2) $y=-8$

2 (1) $0\leqq y\leqq16$

(2) $y=-\frac{1}{3}x^2$

3 (1) $y=\frac{9}{1600}x^2$

(2) 20m

(3) 時速 80km

4 (1) ①…㋑，②…㋓，③…㋐，④…㋒

(2) (2，−2)

5 (1) $a=\frac{1}{4}$，$b=\frac{3}{4}$

(2) $y=-\frac{5}{2}x+8$

解説

1

(1) $y=ax^2$ に $x=5$，$y=15$ を代入して，$15=a\times5^2$

これを解いて，$a=\frac{3}{5}$

よって，$y=\frac{3}{5}x^2$ **答え** $y=\frac{3}{5}x^2$

(2) $y=ax^2$ に $x=6$，$y=-18$ を代入して，$-18=a\times6^2$

これを解いて，$a=-\frac{1}{2}$

よって，$y=-\frac{1}{2}x^2$

$x=-4$ を代入して，

$y=-\frac{1}{2}\times(-4)^2=-8$ **答え** $y=-8$

2

(1) $y=\frac{1}{4}x^2$ のグラフは下の図のようになる。

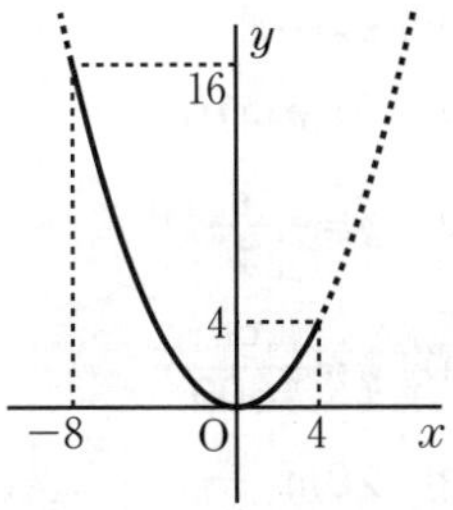

y は $x=-8$ のとき最大値 16，$x=0$ のとき最小値 0 をとる。

よって，y の変域は，$0 \leqq y \leqq 16$

答え $0 \leqq y \leqq 16$

(2) y は x の 2 乗に比例するから，$y=ax^2$ とおく。

x が 1 から 5 まで増加するとき，x の増加量は，$5-1=4$

y の増加量は，$a\times5^2-a\times1^2=24a$

よって，変化の割合は，

$\frac{y\text{の増加量}}{x\text{の増加量}}=\frac{24a}{4}=-2$

これを解いて，$a=-\frac{1}{3}$

よって，$y=-\frac{1}{3}x^2$

答え $y=-\frac{1}{3}x^2$

3

(1) y は x の 2 乗に比例するから，$y=ax^2$ とおく。

$x=40$，$y=9$ を代入して，$9=a\times40^2$

これを解いて，$a=\frac{9}{1600}$

よって，$y=\frac{9}{1600}x^2$

答え $y=\frac{9}{1600}x^2$

(2) $y=\frac{9}{1600}x^2$ に $x=60$ を代入して，

$y=\frac{9}{1600}\times60^2=\frac{81}{4}=20.25$

小数第 1 位を四捨五入して，制動距離（せいどうきょり）は，20m **答え** 20m

(3) $y=\frac{9}{1600}x^2$ に $y=36$ を代入して，

$36=\frac{9}{1600}x^2$

$x^2=6400$

$x=\pm80$

$x>0$ より $x=80$ だから，求める速さは，時速 80km **答え** 時速 80km

4

(1) ①，②は上に開いた放物線である。比例定数が正の関数は㋑，㋓の2つで，㋑の比例定数1の方が㋓の比例定数$\frac{1}{4}$より大きいから，①は㋑，②は㋓のグラフである。

③，④は下に開いた放物線である。比例定数が負の関数は㋐，㋒の2つで，㋐の比例定数-2の方が㋒の比例定数$-\frac{1}{2}$より小さいから，③は㋐，④は㋒のグラフである。

答え ①…㋑，②…㋓，③…㋐，④…㋒

(2) ①のグラフの式は$y=x^2$なので，$y=x^2$に$y=4$を代入して，$4=x^2$

$x>0$より，$x=2$

よって，点Aおよび点Pのx座標は2である。

④のグラフの式は$y=-\frac{1}{2}x^2$なので，

$y=-\frac{1}{2}x^2$に$x=2$を代入して，

$y=-\frac{1}{2}\times 2^2=-2$

よって，点Pの座標は，(2，-2)

答え (2，-2)

5

(1) y軸について対称(たいしょう)な点は，y座標が等しく，x座標の符号(ふごう)が逆であること，正方形のとなり合う辺の長さは等しいことを使う。

$y=ax^2$に$x=4$，$y=4$を代入して，

$4=a\times 4^2$

これを解いて，$a=\frac{1}{4}$

また，Dの座標は(-4，4)だから，

$AD=4-(-4)=8$

四角形ABCDは正方形で，$a<b$だから，点Bのy座標は，$4+8=12$

$y=bx^2$に$x=4$，$y=12$を代入して，

$12=b\times 4^2$

これを解いて，$b=\frac{3}{4}$

答え $a=\frac{1}{4}$，$b=\frac{3}{4}$

(2) 正方形ABCDの面積を2等分する直線は，正方形の対角線の中点を通ることを使う。

対角線BDの中点は，

$\left(\frac{4+(-4)}{2}, \frac{12+4}{2}\right)=(0, 8)$

よって，求める直線の式は，

$y=mx+8$と表せる。これに$x=2$，$y=3$を代入して，$3=m\times 2+8$

これを解いて，$m=-\frac{5}{2}$

よって，求める直線の式は，

$y=-\frac{5}{2}x+8$ **答え** $y=-\frac{5}{2}x+8$

3-1 移動，作図，おうぎ形

p.101

解答

1 (1) ㋒，㋕，㋗

(2) ㋖

2 解説参照

3 (1) 2πcm

(2) 30πcm^2

解説

1

(1) 平行移動は，もとの図形と向きも形も変わらないから，㋒，㋕，㋗となる。

答え ㋒，㋕，㋗

(2) ㋐を直線ABに関して対称(たいしょう)移動すると，㋑に重なる。㋑を点Oを中心として時計回りに90°回転移動すると，㋒に重なる。㋒を直線EFに関して対称移動すると，㋖に重なる。

答え ㋖

2

75°＝30°＋45°であるから，正三角形の1つの内角の二等分線と，直角の二等分線を作図すればよい。

① 点A，Bを中心として半径ABの円をかき，その交点をCとする。

② 直線ACをひく。

③ 点Aを中心として円をかき，線分AB，ACとの交点をそれぞれD，Eとする。

④ 点D，Eを中心として等しい半径の円をかき，その交点をFとする。

⑤ 直線AFをひく。

⑥ 点Aを中心とする円をかき，線分AFとの交点をG，Hとする。

⑦ 点G，Hを中心として等しい半径の円をかき，その交点をIとする。

⑧ 直線AIをひき，⑥でかいた円との交点をJとする。

⑨ 点H，Jを中心として等しい半径の円をかき，その交点をPとする。

⑩ 線分APをひく。

答え

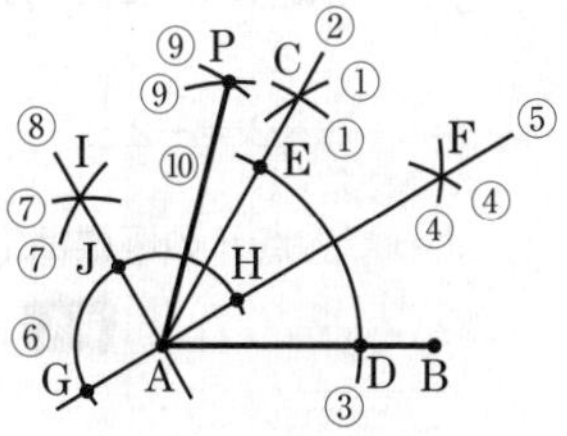

〔別の解き方〕

$75^\circ = 180^\circ - 45^\circ - 60^\circ$であるから，直角の二等分線と正三角形を作図すればよい。

① 線分 AB を A 側に延長する。

② 点 A を中心とする円をかき，直線 AB との交点を C，D とする。

③ 点 C，D を中心として等しい半径の円をかき，その交点を E とする。

④ 直線 AE をひき，②でかいた円との交点を F とする。

⑤ 点 C，F を中心として等しい半径の円をかき，その交点を G とする。

⑥ 直線 AG をひく。

⑦ 点 A，G を中心として半径 AG の円をかき，その交点を P とする。

⑧ 線分 AP をひく。

答え

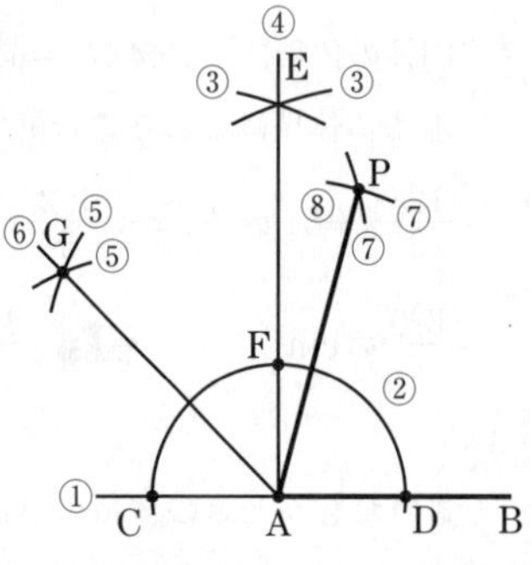

3

(1) △OAP は正三角形なので，∠AOP $=60^\circ$である。半径 6cm，中心角 60°のおうぎ形の弧の長さは，

$$2\pi \times 6 \times \frac{60}{360} = 12\pi \times \frac{1}{6} = 2\pi (\text{cm})$$

答え 2πcm

(2) ㋑の面積は，おうぎ形 OPB の面積からおうぎ形 OQD の面積をひいたものである。おうぎ形 OPB の半径は 12cm，おうぎ形 OQD の半径は 6cm で，中心角はともに $180^\circ - 60^\circ = 120^\circ$であるから，

$$\pi \times 12^2 \times \frac{120}{360} - \pi \times 6^2 \times \frac{120}{360}$$

$$= \frac{1}{3}\pi \times (12^2 - 6^2) = 36\pi (\text{cm}^2)$$

㋐の面積は，

$$\pi \times 6^2 \times \frac{60}{360} = 6\pi (\text{cm}^2)$$

よって，$36\pi - 6\pi = 30\pi (\text{cm}^2)$

〔別の解き方〕

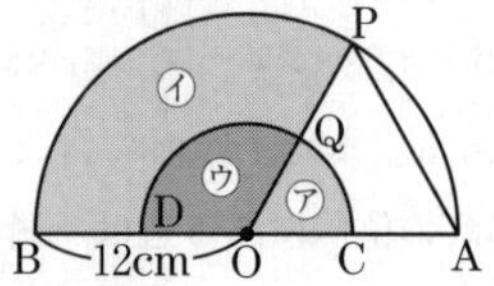

㋑－㋐＝{㋑＋㋒}－{㋐＋㋒}

と考える。㋐と㋒を合わせたおうぎ形の半径は 6cm，中心角は 180°だから，求める面積は，

$$\pi \times 12^2 \times \frac{120}{360} - \pi \times 6^2 \times \frac{180}{360}$$

$$= 30\pi (\text{cm}^2)$$

答え $30\pi \text{cm}^2$

3-2 空間図形

p.109

解答

1 (1) 2つ
(2) 3つ
(3) $x=6$，7

2 (1) 80πcm²
(2) $\frac{320}{3}\pi$cm³

3 816πcm³

解説

1

(1) 直線ℓに垂直な面は，上下2つの底面である。 **答え** 2つ

(2) 直線ℓに平行な面は，側面5つのうち，直線ℓを含む2つを除く3つである。 **答え** 3つ

(3) ある辺として，底面に含まれない辺を選んだとき，底面に含まれる辺を選んだときに分けて考える。

直線ℓのように，底面に含まれない辺とねじれの位置にある辺は，上下の底面の辺のうち3つずつの，計$3\times2=6$(つ)である。また，底面に含まれる辺とねじれの位置にある辺は，側面の辺のうちその辺と交わらない3つと，その辺を含まないほうの底面の辺のうち，その辺と平行な1つを除いた4つの，計7つである。

したがって，xの値として考えられるのは，

$x=6$，7 **答え** $x=6$，7

2

(1) おうぎ形OABの回転体は球を半分にした立体であり，表面積は，

$$4\pi\times4^2\times\frac{1}{2}=32\pi(\text{cm}^2)$$

正方形BCDOの回転体は円柱であり，側面の展開図は縦の長さが4cm，横の長さが$2\pi\times4=8\pi$(cm)の長方形だから，側面積は，$4\times8\pi=32\pi(\text{cm}^2)$

円柱の底面の円の面積は，

$\pi\times4^2=16\pi(\text{cm}^2)$

求める表面積はこれらの合計で，

$32\pi+32\pi+16\pi=80\pi(\text{cm}^2)$

答え 80πcm²

(2) 球を半分にした立体の体積は，

$$\frac{4}{3}\pi\times4^3\times\frac{1}{2}=\frac{128}{3}\pi(\text{cm}^3)$$

円柱の体積は，$\pi\times4^2\times4=64\pi(\text{cm}^3)$

求める体積はこれらの合計で，

$$\frac{128}{3}\pi+64\pi=\frac{128}{3}\pi+\frac{192}{3}\pi$$

$$=\frac{320}{3}\pi(\text{cm}^3)$$

答え $\frac{320}{3}\pi$cm³

3

4個のおもりと水の体積の合計は，底面の半径が8cm，高さが15cmの円柱の体積に等しく，

$\pi\times8^2\times15=960\pi(\text{cm}^3)$

4個のおもりの体積の合計は，

$$\frac{4}{3}\pi\times3^3\times4=144\pi(\text{cm}^3)$$

よって，水の体積は，

$960\pi-144\pi=816\pi(\text{cm}^3)$

答え 816πcm³

3-3 平行と合同
p.115

解答

1 (1) 71°

(2) 138°

2 (1) 156°

(2) 正二十角形

3 78°

4 (1) いえる。

(2) いえない。

(3) いえない。

解説

1

(1) $\angle x=117^\circ-46^\circ=71^\circ$

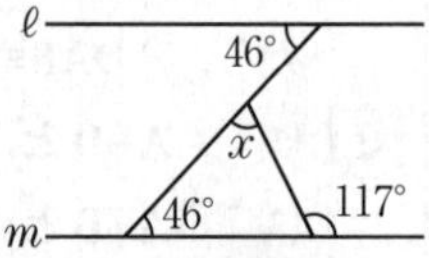

答え 71°

(2) $\angle x=360^\circ-(122^\circ+100^\circ)=138^\circ$

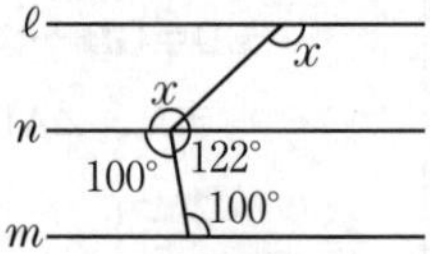

答え 138°

2

(1) $180^\circ\times(n-2)$ に $n=15$ を代入して，

$180^\circ\times(15-2)=2340^\circ$

よって，1つの内角の大きさは，

$2340^\circ\div15=156^\circ$　　答え 156°

(2) 多角形の外角の和は 360°で，正多角形の外角の大きさはすべて等しいから，$360^\circ\div18^\circ=20$ より，正二十角形となる。　　答え 正二十角形

3

五角形 ABCDE の内角の和は，
$180^\circ\times(n-2)$ に $n=5$ を代入して，

$180^\circ\times(5-2)=540^\circ$

また，

$\angle BCD=180^\circ-70^\circ=110^\circ$

よって，

$\angle CDE+\angle DEA$

$=540^\circ-(129^\circ+97^\circ+110^\circ)$

$=204^\circ$

$\angle PDE+\angle DEP$

$=\frac{1}{2}\angle CDE+\frac{1}{2}\angle DEA$

$=\frac{1}{2}(\angle CDE+\angle DEA)$

$=\frac{1}{2}\times204^\circ$

$=102^\circ$

三角形の内角の和は 180°だから，

$\angle EPD=180^\circ-(\angle PDE+\angle DEP)$

$=180^\circ-102^\circ$

$=78^\circ$　　答え 78°

4

(1) 3組の辺がそれぞれ等しいから，2人がかく三角形は必ず合同になる。

答え いえる。

(2) たとえば，2人がかく三角形が下の図のようなとき，合同ではない。よって，必ず合同になるとはいえない。

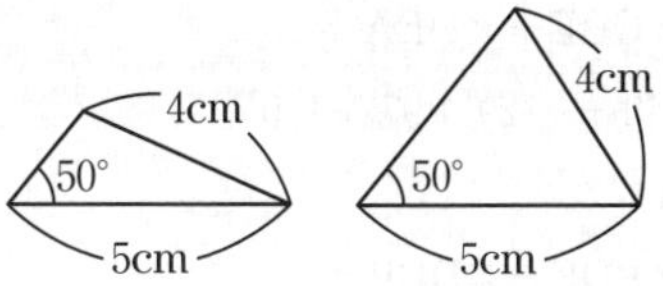

答え いえない。

(3) たとえば，2人がかく三角形が下の図のようなとき，合同ではない。よって，必ず合同になるとはいえない。

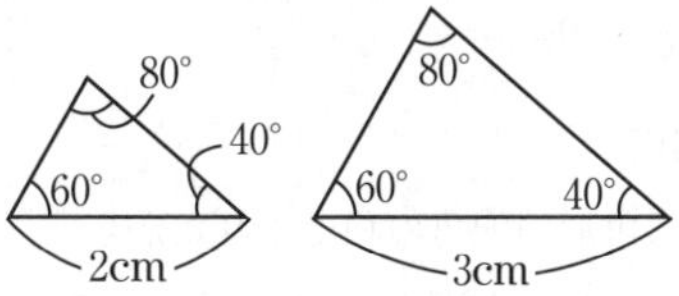

答え いえない。

3-4 証明

p.121

解答

1 (1) △ABCで，AB=BCならば，△ABCは正三角形である。

(2) 正誤…正しくない。

反例：AB=BC，∠B=90°の△ABC

2 △OABと△ODCにおいて，

仮定より，AB=DC…①

ℓ//mより，錯角(さっかく)は等しいから，

∠BAO=∠CDO…②

∠OBA=∠OCD…③

①，②，③より，1組の辺とその両端(りょうたん)の角がそれぞれ等しいから，△OAB≡△ODC

3 (1) △AEDと△CGD

(2) △AEDと△CGDで，四角形ABCD，DEFGはともに正方形だから，AD=CD…①，ED=GD…②

また，∠ADC=∠GDE=90°だから，

∠EDA=∠EDC+∠ADC

=∠EDC+90°…③

∠GDC=∠EDC+∠GDE

=∠EDC+90°…④

③，④より，

∠EDA=∠GDC…⑤

①，②，⑤より，2組の辺とその間の角がそれぞれ等しいから，△AED≡△CGD

合同な図形の対応する辺は等しいから，AE=CG

解説

1

(1)「○○○ならば□□□」の形で書かれたことがらの逆は「□□□ならば○○○」である。

(2) ことがら「△ABC で，AB＝BC ならば，△ABC は正三角形である」は正しくない。

反例としては，AB＝BC であるが，正三角形でない△ABC を考える。

その１つに，右の図のような△ABC がある。

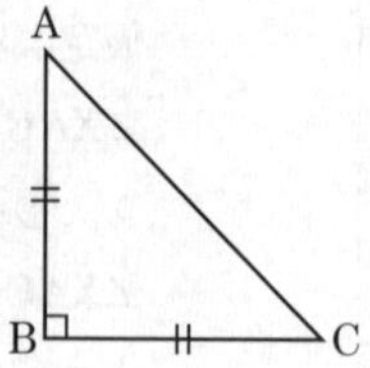

2

長さが等しい線分が２本（１組）だけ与えられているので，三角形の合同条件「１組の辺とその両端の角がそれぞれ等しい」を使う。

対頂角が等しいことから

∠AOB＝∠DOC も成り立つが，今回使う合同条件には合わない。

3

(1) 線分 AE と CG をそれぞれ辺にもつ三角形であれば，合同を示すことで長さが等しいことを証明できるので，△AED と△CGD となる。

(2) △AED と△CGD の等しい辺を探すと，正方形 ABCD の辺である AD と CD，正方形 DEFG の辺である ED と GD が見つかる。

AE＝CG は結論であって仮定ではないから，合同条件は「３組の辺がそれぞれ等しい」とはならない。

そこで，等しい２組の辺の間にある∠EDA，∠GDC に注目すると，正方形の角 90°に同じ角∠EDC を加えたものとわかり，合同条件は「２組の辺とその間の角がそれぞれ等しい」となる。

3-5 三角形，四角形

p.127

解答

1 (1) △PBQ と△QCR において，四角形 ABCD は正方形だから，

∠PBQ＝∠QCR＝90°…①

また，仮定より，

PQ＝QR …②

BQ＝CR …③

①，②，③より，直角三角形の斜辺(しゃへん)と他の 1 辺がそれぞれ等しいから，

△PBQ≡△QCR

(2) ③，⑥

2 (1) 四角形 ABCD は平行四辺形だから，

AY // XC …①

AD＝BC …②

また，仮定より，

BX＝DY …③

②，③より，

AY＝AD－DY

＝BC－BX

＝XC …④

①，④より，1 組の向かい合う辺が平行で長さが等しいから，四角形 AXCY は平行四辺形である。

(2)〈四角形〉

ひし形

〈理由〉

四角形 AXCY は平行四辺形だから，

AY＝XC …①

AX＝YC …②

AY // XC より，錯角(さっかく)は等しいから，

∠YAC＝∠XCA …③

仮定より，

∠XAC＝∠YAC …④

③，④より，

∠XAC＝∠XCA

よって，△AXC は，2 つの角の大きさが等しいので，二等辺三角形である。

よって，AX＝XC …⑤

①，②，⑤より，

AX＝AY＝XC＝YC

よって，四角形 AXCY は 4 つの辺の長さがすべて等しいので，ひし形である。

解説

1

(1) 直角三角形の合同条件「斜辺と他の1辺がそれぞれ等しい」が使える。

(2) ①, ②…仮定なので, 新たにわかることではない。

③…△PBQ≡△QCRより, 合同な図形の対応する辺は等しいから, PB=QCが新たにわかる。

④…四角形ABCDが正方形であることからわかることであり, △PBQと△QCRが合同であることを示すときに使った条件なので, 新たにわかることではない。

⑤… PQ=QRより, △PQRは二等辺三角形であることからわかることなので, 新たにわかることではない。

⑥…△PBQにおいて, 三角形の内角の和は180°であり, ∠PBQ=90°であるから, ∠PQB+∠QPB=90°, △PBQ≡△QCRより, 合同な図形の対応する角は等しいから,

∠QPB=∠RQC

よって,

$$\angle PQB+\angle RQC=\angle PQB+\angle QPB$$
$$=90^\circ$$

$$\angle PQR=180^\circ-(\angle PQB+\angle RQC)$$
$$=180^\circ-(\angle PQB+\angle QPB)$$
$$=180^\circ-90^\circ$$
$$=90^\circ$$

これより, ∠PQR=90°が新たにわかる。

答え ③, ⑥

2

(1) 「1組の向かい合う辺がそれぞれ等しい」を利用する。

(2) ひし形の定義は「4つの辺の長さがすべて等しい四角形」である。

平行四辺形の対辺の長さはそれぞれ等しいから, 1組のとなり合う辺の長さが等しいことを証明する。

〔別の解き方〕

(①, ②を示したあと)

対角線XYをひき, 線分ACとの交点をOとすると, 四角形AXCYは平行四辺形だから,

XO=YO …㋐

ここで, 線分AOは∠XAYの二等分線だから, ㋐より, △AXYは, 1つの角の二等分線がその角に対する辺の中点を通るから, 二等辺三角形である。

よって, AX=AY …㋑

①, ②, ㋑より,

AX=AY=XC=YCだから, 四角形AXCYは4つの辺の長さがすべて等しいので, ひし形である。

3-6 相似な図形

p. 136

解答

1 (1) △PBQと△QCRにおいて，

△ABCは正三角形だから，

∠PBQ＝∠QCR＝60°…①

三角形の内角の和は180°だから，

∠QPB

＝180°－(∠PBQ＋∠BQP)

＝180°－(60°＋∠BQP)

＝120°－∠BQP …②

また，仮定より，

∠PQR＝60°だから，

∠RQC

＝180°－(∠BQP＋∠PQR)

＝180°－(∠BQP＋60°)

＝120°－∠BQP …③

②，③より，

∠QPB＝∠RQC …④

①，④より，2組の角がそれぞれ等しいから，

△PBQ∽△QCR

(2) $\frac{15}{4}$cm

2 (1) $\frac{25}{4}$倍　(2) 3倍

3 2925cm^3

4 (1) $x=12$，$y=\frac{9}{2}$

(2) $x=10$，$y=12$

5 (1) $x=\frac{15}{2}$　(2) $x=4$

6 2cm

解説

1

(1) △PBQと△QCRの2組の角がそれぞれ等しいことを示す。∠PBQと∠QCRは，正三角形の角だからともに60°で等しい。∠QPBと∠RQCについては，△PBQの内角の和が180°であることと，∠BQC＝180°であることに注目し，∠BQPを用いた同じ式で表す。

(2) CR＝$x$cmとすると，△PBQ∽△QCRより，対応する辺の比は等しいから，

PB：QC＝BQ：CR

4：3＝5：x

$4x=15$

$x=\frac{15}{4}$　　答え $\frac{15}{4}$cm

2

(1) △APRと△ABCにおいて，

PR∥BCより，同位角は等しいから，

∠APR＝∠ABC …①

∠ARP＝∠ACB …②

①，②より，2組の角がそれぞれ等しいから，△APR∽△ABC

相似比(そうじひ)は，

AP：AB＝4：10＝2：5

よって，△APRと△ABCの面積比は，$2^2:5^2=4:25$であるから，△ABCの面積は，△APRの面積の$\frac{25}{4}$倍である。

答え $\frac{25}{4}$倍

(2) △APR と△PBQ において，

PR // BC より，同位角は等しいから，

∠APR＝∠PBQ …③

PQ // AC より，同位角は等しいから，

∠PAR＝∠BPQ …④

③，④より，2 組の角がそれぞれ等しいから，△APR ∽ △PBQ

相似比は，AP：PB＝2：3

よって，△APR と△PBQ の面積比は，$2^2:3^2=4:9$ であるから，△PBQ の面積は，△APR の面積の $\frac{9}{4}$ 倍である。平行四辺形 PQCR は，△ABC から△APR と△PBQ を除いたものであるから，その面積は，△APR の面積の

$\frac{25}{4}-\left(1+\frac{9}{4}\right)=3$(倍)

〔別の解き方〕

PR // BC より，

AR：RC＝AP：PB＝2：3

△APR と△PCR は AR，RC をそれぞれ底辺としたときの高さが等しいから，面積比は，AR：RC＝2：3

よって，△PCR の面積は，△APR の面積の $\frac{3}{2}$ 倍である。平行四辺形 PQCR の面積は，△PCR の面積の 2 倍であるから，平行四辺形 PQCR の面積は，△APR の面積の $\frac{3}{2}\times2=3$(倍)

答え 3 倍

3

容器に入った水の部分と，容器全体は相似で，その相似比は，6：15＝2：5

よって，体積比は，$2^3:5^3=8:125$

この容器の容積を $V\text{cm}^3$ とすると，

$200:V=8:125$

$8V=25000$

$V=3125$

したがって，容器に入る水は

$3125-200=2925(\text{cm}^3)$

答え 2925cm^3

4

(1) BC // DE より，

AB：AD＝BC：DE

$12:(12+6)=x:18$

$216=18x$

$x=12$

また，AB：BD＝AC：CE

$12:6=9:y$

$12y=54$

$y=\frac{9}{2}$

答え $x=12$，$y=\frac{9}{2}$

(2) BC // DE より，

BA：AE＝BC：DE

$8:x=16:20$

$16x=160$

$x=10$

また，CA：AD＝BC：DE

$y:15=16:20$

$20y=240$

$y=12$

答え $x=10$，$y=12$

5

(1) 平行線と比の関係を使う。

$x:3=5:2$

$2x=15$

$x=\frac{15}{2}$　　**答え** $x=\frac{15}{2}$

(2) 平行線と比の関係を使う。

下の図のように点A，B，Cを定める。

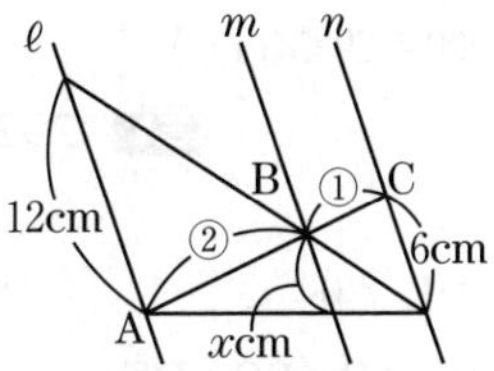

$\ell /\!/ n$ より，

$AB:BC=12:6=2:1$

よって，$m /\!/ n$ より，

$x:6=AB:AC$

$x:6=2:3$

$3x=12$

$x=4$　　**答え** $x=4$

6

点Hは線分CPの中点であるから，△PBCに中点連結定理を使う。

△AHCと△AHPにおいて，仮定より，

∠CAH＝∠PAH…①

∠AHC＝∠AHP＝90°…②

また，共通であるから，

AH＝AH…③

①，②，③より，1組の辺とその両端（りょうたん）の角がそれぞれ等しいから，

△AHC≡△AHP

合同な図形の対応する辺は等しいから，

AC＝AP…④

HC＝HP…⑤

④より，

PB＝AB－AP

＝AB－AC

＝13－9

＝4(cm)

また，⑤より点Hは線分CPの中点であり，仮定より，点Mは線分BCの中点であるから，△PBCで中点連結定理より，

$MH=\frac{1}{2}PB=\frac{1}{2}\times 4=2$(cm)

答え 2cm

3-7 円

p.143

解答

1 (1) 112°

(2) 85°

(3) 62°

2 $\angle x=54°$, $\angle y=108°$

3 △ACDと△BCEにおいて，△ABC，△DECは正三角形だから，

AC＝BC …①

DC＝EC …②

また，∠BCA＝∠ECD＝60°だから，

∠ACD＝∠ECD－∠ECA

＝60°－∠ECA …③

∠BCE＝∠BCA－∠ECA

＝60°－∠ECA …④

③，④より，

∠ACD＝∠BCE …⑤

①，②，⑤より，2組の辺とその間の角がそれぞれ等しいから，△ACD≡△BCE

合同な図形の対応する角は等しいから，∠DAC＝∠EBC

すなわち，∠FAC＝∠FBC

2点A，Bは直線CFに対して同じ側にあるから，円周角の定理の逆より，4点A，B，C，Fは1つの円周上にある。

解説

1

(1) 円周角の定理を使う。

Bを含まない $\overset{\frown}{AC}$ に対する円周角は124°だから，中心角は，

$2\times124°=248°$

よって，

$\angle x=360°-248°$

$=112°$

答え 112°

(2) 円周角の定理を使う。

$\overset{\frown}{AB}$ に対する円周角だから，

∠ACB＝∠ADB＝54°

△ABCの内角の和は180°だから，

$\angle x=180°-(41°+54°)$

$=85°$

答え 85°

(3) 半円の弧（こ）に対する円周角が90°であることを使う。

線分ACは円の直径だから，

∠ABC＝90°

$\overset{\frown}{CD}$ に対する円周角だから，

∠CBD＝∠CAD＝28°

よって，

$\angle x=90°-28°$

$=62°$

答え 62°

2

1つの円において，等しい長さの弧に対する円周角は等しいことを使う。

円周を10等分した弧に対する中心角は

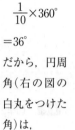

$\frac{1}{10}\times360^\circ$

$=36^\circ$

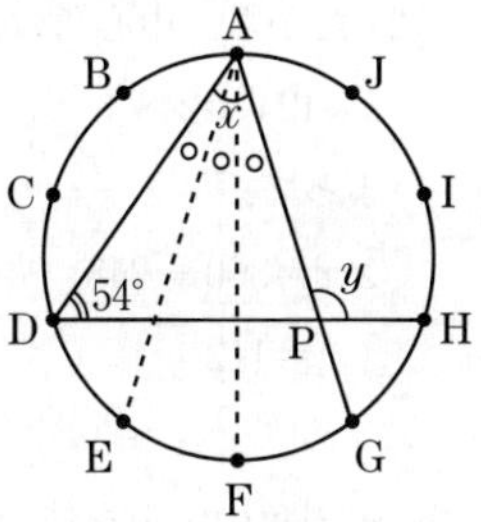

だから，円周角（右の図の白丸をつけた角）は，

$\frac{1}{2}\times36^\circ=18^\circ$

$\angle x$は，円周の$\frac{3}{10}$にあたる弧に対する円周角だから，

$\angle x=3\times18^\circ=54^\circ$

同じように考えると，

$\angle \mathrm{ADH}=3\times18^\circ=54^\circ$

ここで，線分AGとDHとの交点をPとすると，$\angle y$は△ADPの外角である。

よって，△ADPの内角と外角の関係から，

$\angle y=\angle \mathrm{ADP}+\angle \mathrm{DAP}$

$=54^\circ+54^\circ$

$=108^\circ$

答え $\angle x=54^\circ$，$\angle y=108^\circ$

3

2点A，Bが直線CFに対して同じ側にあるので，三角形の合同を用いて$\angle \mathrm{FAC}=\angle \mathrm{FBC}$を示せばよい。

〔別の解き方〕

△ACD≡△BCEより，合同な図形の対応する角は等しいから，

$\angle \mathrm{DAC}=\angle \mathrm{EBC}$

これより，

$\angle \mathrm{FAB}=\angle \mathrm{DAC}+\angle \mathrm{BAC}$

$=\angle \mathrm{DAC}+60^\circ$

$\angle \mathrm{ABF}=\angle \mathrm{ABC}-\angle \mathrm{EBC}$

$=60^\circ-\angle \mathrm{DAC}$

よって，

$\angle \mathrm{AFB}$

$=180^\circ-\angle \mathrm{FAB}-\angle \mathrm{ABF}$

$=180^\circ-(\angle \mathrm{DAC}+60^\circ)-(60^\circ-\angle \mathrm{DAC})$

$=60^\circ$

$\angle \mathrm{BCA}=60^\circ$であるから，

$\angle \mathrm{BFA}=\angle \mathrm{BCA}$

2点C，Fは直線ABに対して同じ側にあるから，円周角の定理の逆より，4点A，B，C，Fは1つの円周上にある。

3-8 三平方の定理

p. 151

解答

1 (1) $x=3\sqrt{5}$

(2) $x=4\sqrt{2}$

2 ㋐，㋒

3 $48+32\sqrt{3}\,(\mathrm{cm}^2)$

4 $\dfrac{100\sqrt{6}}{3}\pi\mathrm{cm}^3$

5 18cm

6 (1) $3\sqrt{3}$ cm

(2) $18\sqrt{2}\,\mathrm{cm}^3$

解説

1

(1) $3^2+6^2=x^2$

$x^2=45$

$x=\pm 3\sqrt{5}$

$x>0$ より，$x=3\sqrt{5}$

答え $x=3\sqrt{5}$

(2) $x^2+7^2=9^2$

$x^2=32$

$x=\pm 4\sqrt{2}$

$x>0$ より，$x=4\sqrt{2}$

答え $x=4\sqrt{2}$

2

㋐… $6^2+8^2=100$，$10^2=100$ より，直角三角形である。

㋑… $9^2+10^2=181$, $13^2=169$ より，直角三角形ではない。

㋒… $2^2+(\sqrt{5})^2=9$，$3^2=9$ より，直角三角形である。　答え ㋐，㋒

3

特別な直角三角形の辺の長さの比を使う。

$\mathrm{CD}:\mathrm{AC}=1:\sqrt{3}$ より，$8:\mathrm{AC}=1:\sqrt{3}$

よって，$\mathrm{AC}=8\sqrt{3}$ cm

$\mathrm{AB}:\mathrm{AC}=1:\sqrt{2}$ より，

$\mathrm{AB}:8\sqrt{3}=1:\sqrt{2}$

$\sqrt{2}\,\mathrm{AB}=8\sqrt{3}$

よって，

$\mathrm{AB}=\dfrac{8\sqrt{3}}{\sqrt{2}}=\dfrac{8\sqrt{6}}{2}=4\sqrt{6}\,(\mathrm{cm})$

また，$\mathrm{BC}=\mathrm{AB}=4\sqrt{6}\,(\mathrm{cm})$

以上より，求める面積は

(四角形ABCD)

$=\triangle\mathrm{ABC}+\triangle\mathrm{ACD}$

$=\dfrac{1}{2}\times(4\sqrt{6})^2+\dfrac{1}{2}\times8\times8\sqrt{3}$

$=48+32\sqrt{3}\,(\mathrm{cm}^2)$

〔別の解き方〕

△ABCは，ACを対角線とする正方形を合同な2つの三角形に分けたうちの1つと考えられるから，その面積は，

$\dfrac{1}{2}\times\left\{\dfrac{1}{2}\times(8\sqrt{3})^2\right\}=\dfrac{1}{2}\times96$

$=48(\mathrm{cm}^2)$

よって，求める面積は，

$48+\dfrac{1}{2}\times8\times8\sqrt{3}$

$=48+32\sqrt{3}\,(\mathrm{cm}^2)$

答え $48+32\sqrt{3}\,(\mathrm{cm}^2)$

4

円錐(えんすい)の頂点をO，底面の円の中心をHとすると，三平方の定理より，

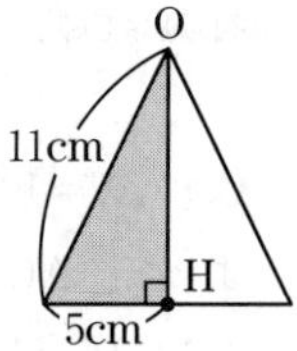

$OH^2+5^2=11^2$

$OH^2=96$

$OH>0$ より，$OH=\sqrt{96}=4\sqrt{6}$

よって，体積は，

$\frac{1}{3}\times\pi\times5^2\times4\sqrt{6}=\frac{100\sqrt{6}}{3}\pi(cm^3)$

答え $\frac{100\sqrt{6}}{3}\pi cm^3$

5

右の図のように，ボールの中心をP，Qとし，2点P，Qを通り箱の底面に平行な平面で箱を切った切り口の長方形をABCDとする。点Pを通り辺BCに平行な直線と点Qを通り辺DCに平行な直線との交点をHとすると，PQ=10cm，PH=6cmだから，△PHQにおいて，三平方の定理より，

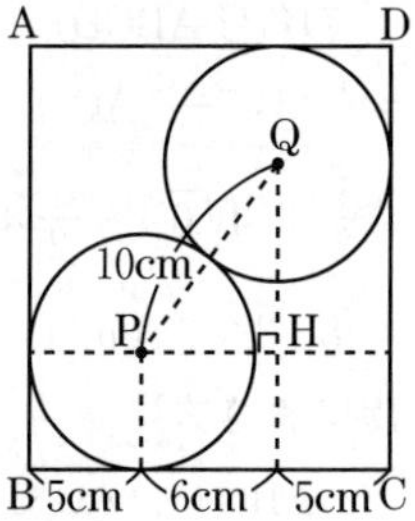

$QH^2+6^2=10^2$

$QH^2=64$

$QH>0$ より，QH=8cm

求める長さは辺DCの長さに等しく，

$8+5\times2=18(cm)$

答え 18cm

6

(1) 正三角形は二等辺三角形の特別な形だから，辺の中点と向かい合う頂点を結ぶ線分は，その辺に垂直である。

△ABCは正三角形だから，AM⊥BC

これより，

$AB:AM=2:\sqrt{3}$

$6:AM=2:\sqrt{3}$

$2AM=6\sqrt{3}$

よって，$AM=3\sqrt{3}$ cm

答え $3\sqrt{3}$ cm

(2) △AHDに三平方の定理を使って線分DHの長さを求める。

(1)より，△ABCの面積は，

$\frac{1}{2}\times6\times3\sqrt{3}=9\sqrt{3}(cm^2)$

また，

$AH:HM=2:1$ より，

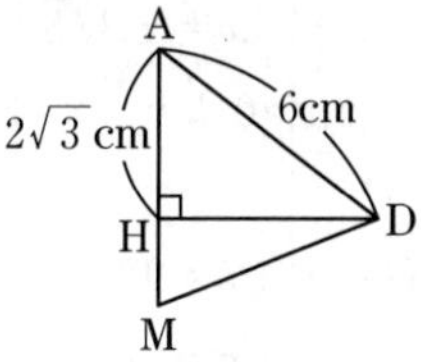

$AH=\frac{2}{3}AM$

$=\frac{2}{3}\times3\sqrt{3}$

$=2\sqrt{3}(cm)$

△AHDで，三平方の定理より，

$DH^2+(2\sqrt{3})^2=6^2$

$DH^2=24$

$DH>0$ より，$DH=2\sqrt{6}$ cm

したがって，求める体積は，

$\frac{1}{3}\times9\sqrt{3}\times2\sqrt{6}=18\sqrt{2}(cm^3)$

答え $18\sqrt{2}$ cm^3

4-1 データの分布

p.161

解答

1 (1) 0.3

(2) 0.47

2 ㊢

解説

1

(1) 20点以上30点未満の階級の度数は9人なので，相対度数は，

9÷30=0.3　　**答え** 0.3

(2) 0点以上10点未満の階級の相対度数は，2÷30=0.066…

小数第3位を四捨五入して，0.07

10点以上20点未満の階級の相対度数は，3÷30=0.1

20点以上30点未満の階級の相対度数は，(1)より，0.3

よって，20点以上30点未満の階級の累積相対度数は，

0.07+0.1+0.3=0.47

〔別の解き方〕

30点未満の3つの階級の度数の合計を求め，30でわる。

20点以上30点未満の階級の累積度数は，2+3+9=14(人)

よって，20点以上30点未満の階級の累積相対度数は，

14÷30=0.466…

小数第3位を四捨五入して，0.47

〔別の解き方〕

30点以上の人の，全体に対する割合を求め，1からひく。

30点以上40点未満の階級の度数は6人，40点以上50点未満の階級の度数は10人なので，30点以上の人の，全体に対する割合は，16÷30=0.533…

小数第3位を四捨五入して，0.53

よって，20点以上30点未満の階級の累積相対度数は，

1−0.53=0.47　　**答え** 0.47

2

㋐…最大値は65cm以上70cm未満，最小値は45cm以上50cm未満だから，範囲は25cm未満で，誤り。

㋑…最頻値は52.5cmである。

ヒストグラムから平均値を求めると，

47.5×4+52.5×10+57.5×7+62.5×3+67.5×1

=190+525+402.5+187.5+67.5

=1372.5(cm)

1372.5÷25=54.9(cm)

よって，最頻値は平均値より小さいので，誤り。

㋒…度数が7人の階級の階級値は57.5cmだから，誤り。

㋓…50cm以上55cm未満の階級の累積度数は，4+10=14(人)より，記録の低いほうから数えて13番めの人は50cm以上55cm未満の階級に入っている。すなわち，中央値は50cm以上55cm未満の階級に入っているので，正しい。　　**答え** ㋓

4-2 データの比較 p.167

解答

1 (1) **第1四分位数…6回**

第2四分位数(中央値)…8回

第3四分位数…9.5回

(2) **3.5回**

2 ㋒

解説

1

(1) データの総数が9だから，第1四分位数は回数の少ないほうから2番めと3番めの値の平均で，$\frac{6+6}{2}=6$(回)

第2四分位数(中央値)は5番めの値で，8回

第3四分位数は7番めと8番めの値の平均で，$\frac{9+10}{2}=9.5$(回)

答え **第1四分位数…6回**
第2四分位数(中央値)…8回
第3四分位数…9.5回

(2) 四分位範囲は，

(第3四分位数)−(第1四分位数)

$=9.5-6$

$=3.5$(回) **答え** **3.5回**

2

最大値，最小値，四分位数がそれぞれヒストグラムのそれぞれどの階級に属するかに注目する。

データの総数は47だから，第1四分位数，第2四分位数(中央値)，第3四分位数はそれぞれ低いほうから12番め，24番め，36番めの気温である。

㋐…箱ひげ図より，最大値は22℃以上24℃未満だが，㋐のヒストグラムはこの階級の度数が0だから，誤り。

㋑…箱ひげ図より，最小値は8℃以上10℃未満だが，㋑のヒストグラムはこの階級の度数が0だから，誤り。

㋒…正しい。

㋓…箱ひげ図より，中央値は16℃以上だから，14℃以上16℃未満の階級の累積度数は23以下であるが，㋓のヒストグラムでは14℃以上16℃未満の階級の累積度数が24以上と読み取れるから，誤り。

答え ㋒

4-3 確率

p.173

解答

1 (1) $\frac{7}{8}$

(2) $\frac{3}{8}$

2 (1) $\frac{1}{27}$

(2) $\frac{2}{3}$

3 (1) $\frac{2}{5}$

(2) $\frac{3}{10}$

(3) $\frac{4}{5}$

4 $\frac{5}{36}$

解説

1

下の樹形図より，起こるすべての場合は8通りとなる。

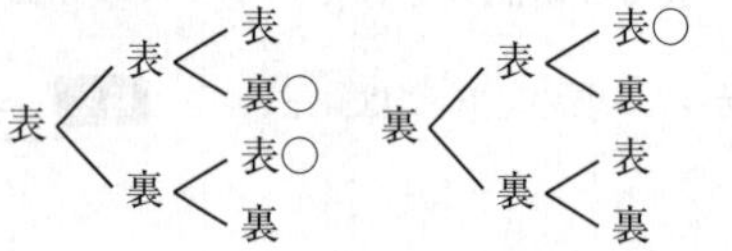

(1) 3回とも裏が出る確率は$\frac{1}{8}$で，表が1回以上出るのは「3回とも裏ではない」場合だから，求める確率は，

$1-\frac{1}{8}=\frac{7}{8}$　**答え** $\frac{7}{8}$

(2) 表がちょうど2回出る場合は，樹形図で○をつけた3通りとなるから，求める確率は，$\frac{3}{8}$　**答え** $\frac{3}{8}$

2

かずやさん，たくまさん，みどりさんの順に出す手を考えると，下の樹形図より，起こるすべての場合は27通りとなる。

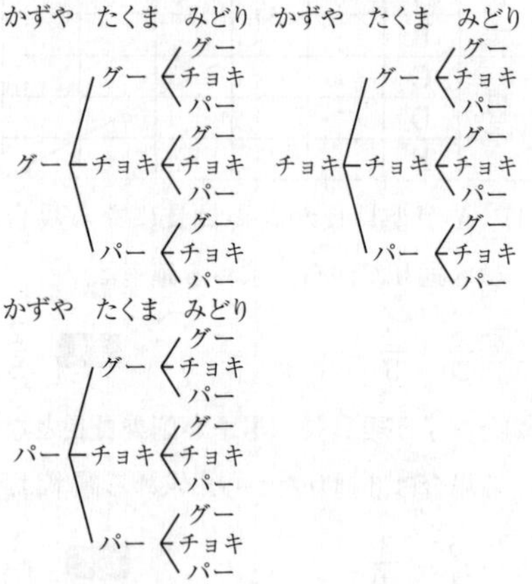

(1) 樹形図より，かずやさんがグーで勝つ場合は，(グー，チョキ，チョキ)の1通りだから，求める確率は，$\frac{1}{27}$

答え $\frac{1}{27}$

(2) 少なくとも1人が勝つのは，「あいこにならない」場合である。

樹形図より，あいこになるのは，3人が同じ手を出す場合が3通り，3人とも異なる手を出す場合が6通りで$3+6=9$(通り)あり，その確率は

$\frac{9}{27}=\frac{1}{3}$だから，求める確率は，

$1-\frac{1}{3}=\frac{2}{3}$　**答え** $\frac{2}{3}$

3

下の表より，起こるすべての場合は20通りとなる。

委員長＼副委員長		女子 A	女子 B	男子 C	男子 D	男子 E
女子	A	＼				
女子	B		＼			
男子	C			＼		
男子	D				＼	
男子	E					＼

(1) Aが委員長か副委員長になる場合は8通りだから，求める確率は，

$\frac{8}{20}=\frac{2}{5}$　**答え** $\frac{2}{5}$

(2) 女子が委員長，男子が副委員長となる場合は6通りだから，求める確率は，

$\frac{6}{20}=\frac{3}{10}$　**答え** $\frac{3}{10}$

(3) Cが委員長になる場合は4通りで，その確率は$\frac{4}{20}=\frac{1}{5}$だから，求める確率は，$1-\frac{1}{5}=\frac{4}{5}$　**答え** $\frac{4}{5}$

4

下の表より，起こるすべての場合は36通りある。

1回め＼2回め	1	2	3	4	5	6
1	①	3	4	5	0	1
2	3	②	5	0	1	2
3	4	5	③	1	2	3
4	5	0	1	④	3	4
5	0	1	2	3	⑤	5
6	1	2	3	4	5	⓪

さいころを2回振(ふ)ったあと，コマがくる頂点は，2回さいころを振って出た目の数の和を6でわったあまりである。

ただし，表の○で囲んだところは，1回めに出た目の数を6でわったあまりになることに注意する。

表で2が記入されているマスは5個だから，求める確率は，$\frac{5}{36}$　**答え** $\frac{5}{36}$

4-4 標本調査 p. 178

解答

1 ㋑

2 50 個

3 300 個

解説

1

㋐…標本が 3 年生の男子に偏(かたよ)るので，適切ではない。

㋑…無作為(むさくい)に抽出(ちゅうしゅつ)できるので，適切である。

㋒…X 中学校以外の男子生徒も選ばれてしまうので，適切ではない。

答え ㋑

2

くり 5 個の重さの平均は，

$(30+29+31+31+28)\div 5$

$=149\div 5$

$=29.8$(g)

$1500\div 29.8=50.33\cdots$

一の位を四捨五入して，50

よって，この段ボール箱にはおよそ 50 個のくりが入っていると考えられる。

答え 50 個

3

この工場で 4 日間に生産された製品は，

$13000\times 4=52000$(個)

4 日間に調べた製品は，

$300\times 4=1200$(個)

4 日間に生産された製品の中に不良品が x 個あったとすると，

$x:52000=7:1200$

$1200x=52000\times 7$

$x=303.3\cdots$

一の位を四捨五入して，300

よって，4 日間に生産された製品の中に，不良品は 300 個あったと考えられる。

答え 300 個

5-1 数学検定特有問題

p.180

解答

1 (1) $A=4$, $B=9$, $C=2$, $D=8$

(2) $A=2$, $B=6$, $C=4$

2 (1) $\frac{5}{12}$

(2) $\frac{9}{10}$

3 ③, ⑤, ⑧

4 (1) ①, ④, ⑤

(2) 始点と終点が同じ…⑤

始点と終点が異なる…①, ④

5 2

6 (1) 141本

(2) 164本

7 (1) 3+4=7

(2) 1+4+3=8

解説

1

(1) $C \times C$ の一の位が A であり, A と C は異なるので,

$(C,\ A)=(2,\ 4),\ (3,\ 9),\ (4,\ 6),\ (7,\ 9),\ (8,\ 4),\ (9,\ 1)$

の場合が考えられる。

$C=3,\ 4,\ 7,\ 8$ のとき, 計算結果が4けたになるので不適。

また, $C=9$ のとき, $B \geqq 2$ より, 計算結果が4けたになるので不適。

したがって, 考えられるのは $C=2$, $A=4$ の場合のみである。

計算結果の百の位が B であるため, B として考えられるのは8か9である。

$B=8$ のとき, $482 \times 2=964$ となり, 計算結果の百の位が B と一致しないため, 不適。

$B=9$ のとき, $492 \times 2=984$ となり, 計算結果の百の位が B と一致する。また, $D=8$ は A, B, C と異なるため, 問題に適している。

よって, $A=4$, $B=9$, $C=2$, $D=8$

答え $A=4$, $B=9$, $C=2$, $D=8$

(2)　$B \times C$ の一の位が C なので，

・$B=1$

・B が 5 以外の奇数（きすう）で，$C=5$

・$B=6$ で，$C=2$，4，8

のいずれかの場合が考えられる。

また，計算結果が 3 けたなので，$A=1$，2，3 のいずれかである。

$B=1$ のとき，$A \geqq 2$ より，計算結果は 400 より大きくなるので，不適。

$A=3$ のとき，計算結果が最小になるのは，$B=6$，$C=2$ のときであるが，$36 \times 32=1152$ より，不適。

よって，$A=1$，2 のいずれか，$B=3$，7，9 のとき $C=5$，または $B=6$ のとき $C=2$，4，8 の計 12 通りであり，問題に適しているのは，$A=2$，$B=6$，$C=4$ である。

答え　$A=2$，$B=6$，$C=4$

2

(1)　分母が 2，3，4，…の分数がそれぞれ 1 個，2 個，3 個，…と並んでいるから，分母が 11 の分数の最後が，

$1+2+3+\cdots+10=55$(番め)

分母が 12 の分数の最後が，

$55+11=66$(番め)

よって，60 番めの分数の分母は 12 である。分母が 12 の分数は，56 番めから順に $\frac{1}{12}$，$\frac{2}{12}$，…となり，60 番めの分数は，$\frac{5}{12}$

答え　$\frac{5}{12}$

(2)　約分できない分数が続く部分として，分母が 1 とその数以外に正の約数をもたない，すなわち素数であるものを考える。

分母が 5 の分数は，$\frac{1}{5}$ から $\frac{4}{5}$ まで 4 個並ぶが，その前後を考えると，$\frac{3}{4}$ は約分できないが，$\frac{2}{4}$ は約分でき，また，$\frac{1}{6}$ は約分できないが，$\frac{2}{6}$ は約分できる。

よって，続く個数は，$1+4+1=6$

これは 10 より少ない。

分母が 7 の分数は 6 個並び，その前後を考えると，$\frac{5}{6}$ は約分できないが，$\frac{4}{6}$ は約分でき，また，$\frac{1}{8}$ は約分できないが，$\frac{2}{8}$ は約分できる。

よって，続く個数は，$1+6+1=8$

これは 10 より少ない。

分母が 11 の分数は 10 個並ぶので，この部分だけで，約分できない分数は 10 個以上続くことになるが，その前の $\frac{9}{10}$ も約分できず，$\frac{8}{10}$ は約分できる。

以上より，約分できない分数が 10 個以上続く，その最初の分数は，$\frac{9}{10}$

答え　$\frac{9}{10}$

3

7×8×9=504より，計算結果が371より大きくなるため，⑦と⑧のどちらかは必ず「＋」になる。

4×5×6×7=840より，計算結果が371より大きくなるため，④，⑤，⑥のいずれかは必ず「＋」になる。

このようにして，残った部分について考えると，

1×2×3+4×5+6×7×8+9
=6+20+336+9
=371

が得られる。　**答え** ③，⑤，⑧

4

(1)　一筆がきができる図形は，「すべての点に偶数本の線が集まる」，または「奇数本の線が集まる点がちょうど2つあり，残りの点にはすべて偶数本の線が集まる」という特徴をもっている。この条件を満たすのは①，④，⑤である。②，③はともに「奇数本の線が集まる点」が4つずつあるため，かくにはもっとも少なくて「二筆」必要となる。　**答え** ①，④，⑤

(2)　すべての点に偶数本の線が集まる図形は，始点と終点が同じになる。

奇数本の線が集まる点がちょうど2つある図形は，その一方を始点，もう一方を終点にする必要がある。

よって，始点と終点が同じになる図形は⑤，始点と終点が異なる図形は①，④である。①，④の図形は，たとえば次のようにかく。

①
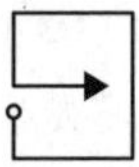
④
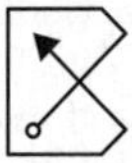

答え 始点と終点が同じ…⑤
始点と終点が異なる…①，④

5

さいころがマス目を移動するときに，上を向いている面の目の数を表すと，下の図のようになる。

6	3	1	4	6	3
					5
					4
			5	6	2
			3		
			2		

よって，さいころがAのマスにきたとき，上を向いている面の目の数は2となる。　**答え** 2

6

(1) 交換(こうかん)するジュースもビンに入っていることに注意する。まず，

127÷10=12 あまり 7

より，127 本の空きビンのうち 120 本でジュースを 12 本もらうことができ，この 12 本を飲むと，空きビンの本数は，最初に交換しなかった分も合わせて，7+12=19(本)となる。

次に，19÷10=1 あまり 9 より，このうちの 10 本でジュースを 1 本もらえ，この 1 本を飲むと，交換していない分も合わせて，9+1=10(本)となるので，ジュースがさらに 1 本もらえる。

よって，飲むことのできるジュースの本数は，127+12+1+1=141(本)

答え 141 本

(2) 最初だけジュースを 10 本買い，次からは，空きビン 10 本と交換したジュース 1 本と，新たに買ったジュース 9 本で空きビンを 10 本にし，それを 1 本と交換するということをくり返す。

182÷10=18 あまり 2 より，10 本買うことを 1 回，9 本買うことを 18−1=17(回)くり返すと，10×18=180(本)のジュースを飲むのに，自分では

10+9×17=163(本)買ったことになる。この直後，空きビンが 10 本になっているので，これをジュース 1 本と交換してもらい，さらに自分で 1 本買えば，飲んだ本数は 182 本となる。

よって，買う本数は，

163+1=164(本) **答え** 164 本

7

(1) 1 けたの正の整数と，点灯するセグメントの個数との関係を整理すると，次の表のようになる。

正の整数	1	2	3	4	5	6	7	8	9
点灯数	2	5	5	4	5	6	3	7	6

求める式を㋐+㋑=㋒とおく。

2 個の異なる 1 けたの正の整数のたし算なので，㋒には 3 以上の数が入る。また，点灯するセグメントの個数はつねに減っていくので，点灯数が 7 である 8 と，6 である 6，9 は㋒には入らない。残った数の点灯数は 5，4，3 の 3 個である。㋒の点灯数が 5 のとき，㋐と㋑には，点灯数が 7，6 の数が入るが，それを満たすたし算の式はない。㋒の点灯数が 4 のとき，㋐と㋑には，点灯数が 7，6，5 の数が入るが，それを満たすたし算の式はない。

よって，㋒には点灯数が 3 の 7 が入る。

答え 3+4=7

(2) 求める式を㋓+㋔+㋕=㋖とおく。

3 個の異なる 1 けたの正の整数のたし算なので，㋖には 6 以上の数が入る。また，点灯するセグメントの個数はつねに増えていくので，点灯数が 3 である 7 は㋖には入らない。

答え 1+4+3=8

数学検定